乡村振兴 "三农"培训精品教材

农村实用人才带头人

◎ 程节波 刘兴松 罗海燕 主编

U0306877

中国农业科学技术出版社

图书在版编目（CIP）数据

农村实用人才带头人／程节波，刘兴松，罗海燕主编 . --北京：中国农业科学技术出版社，2024.7.

ISBN 978-7-5116-6888-2

Ⅰ．S

中国国家版本馆 CIP 数据核字第 2024HS0326 号

责任编辑	周　朋
责任校对	王　彦
责任印制	姜义伟　王思文

出　版　者　中国农业科学技术出版社
　　　　　　北京市中关村南大街 12 号　　邮编：100081
电　　　话　（010）82103898（编辑室）　　（010）82106624（发行部）
　　　　　　（010）82109709（读者服务部）
网　　　址　https://castp.caas.cn
经　销　者　各地新华书店
印　刷　者　北京中科印刷有限公司
开　　　本　140 mm×203 mm　1/32
印　　　张　5
字　　　数　139 千字
版　　　次　2024 年 7 月第 1 版　2024 年 7 月第 1 次印刷
定　　　价　33.00 元

《农村实用人才带头人》
编 委 会

前　　言

　　农村实用人才带头人，作为乡村振兴战略的重要推动者和实践者，肩负着引领农业现代化、促进农村经济社会发展的重任。他们是农村发展的中坚力量，是推动农业科技进步、实现农业可持续发展的关键人物。在新时代的背景下，农村实用人才带头人的作用愈发突显，他们的培养和成长直接关系到农村改革的深度和广度，关系到乡村振兴战略的实施效果。

　　随着科技的不断进步和农村经济结构的调整，农村实用人才带头人面临着前所未有的机遇与挑战。他们需要不断学习新知识、掌握新技能、运用新技术，以适应农业发展的新趋势。同时，他们还需要具备创新思维和市场洞察力，能够在复杂的市场环境中把握机遇，引领农业产业升级和转型。

　　本书共 9 章，包括概论、乡村振兴战略、农业农村法规政策、农业高质量发展、乡村治理、乡村规划、乡村创业指导、农产品质量安全、乡村文化建设等多个关键领域的内容。本书内容丰富、语言通俗，力求通过深入浅出的方式，帮助读者理解和掌握乡村发展的核心要素和实践方法。

　　尽管我们在编写过程中力求完善，但由于时间仓促，书中难免存在不足之处，恳请广大读者批评指正。

编者

2024 年 5 月

目　　录

第一章 概　　论

第一节　农村实用人才带头人的概念与角色

一、农村实用人才带头人的概念

农村实用人才带头人是指在农村地区具有专业技能、善于经营管理，并能起到示范带头作用的人才。他们是农村实用人才群体中的拔尖人才，通常以乡村基层干部、农民专业合作社经营主体负责人、大学生村官、村级农民技术员、种养大户、技术和经营能手等身份出现。这些带头人通常不仅自身具备丰富的农业生产、经营和管理经验，而且还能通过自身的实践和示范，影响和带动周边的农民提高农业生产水平，实现增收致富。

二、农村实用人才带头人的角色

（一）农村实用人才带头人是新技术、新知识的推广者

农村实用人才带头人在推广新技术和新知识方面发挥着至关重要的作用。他们不仅是新技术的学习者和实践者，更是这些知识和技术的传播者。带头人通过参加各种培训、研讨会和交流活动，不断吸收和掌握最新的农业科技和管理知识。他们将这些先进的理念和方法通过田间示范、讲座、培训班等形式传授给其他农户，帮助他们提升农业生产效率和产品质量。

（二）农村实用人才带头人是农村生产生活变革的示范者

作为农村生产生活变革的示范者，农村实用人才带头人通过自身的实际行动，展示给其他农民如何利用现代化的生产方式和管理方法来提高生产效率和生活质量。他们运用精准农业、生态农业等现代生产模式，优化资源配置，减少环境污染，提高农产品的附加值。同时，带头人通过倡导绿色生活，推广节能减排、垃圾分类等环保措施，引导农民形成可持续的生活方式。通过这样的示范效应，带头人既改善了农村的生产生活环境，也促进了乡村文化的传承与创新，还增强了农民的文化自信和乡村的凝聚力。

（三）农村实用人才带头人是创新创业的探索者和实践者

农村实用人才带头人在创新创业方面展现了极大的活力和潜力。他们不满足于传统的农业生产模式，而是积极探索新的经营思路和商业模式。带头人通过创办农业企业、农民合作社等形式，引入新的生产技术和管理经验，创造出更多的就业机会和收入来源。他们还通过市场调研，了解消费者需求，引导农民生产更符合市场需求的农产品，提升农产品的市场竞争力。在创新创业的过程中，带头人注重风险管理和规避，通过建立合作机制、参与农业保险等方式，降低经营风险，确保农民的利益得到有效保障。他们的探索和实践不仅为农村经济注入了新的活力，也为乡村振兴战略的实施提供了有力支撑。

第二节　农村实用人才带头人的素质与能力要求

一、农村实用人才带头人的素质

（一）高尚的道德品质

农村实用人才带头人应具备高尚的道德品质。他们不仅是技术的引领者，更是道德的楷模。在日常生活和工作中，他们应始终秉持正直、公正和诚实的原则，对待农民友善、真诚，为农民着想，不以权谋私，不损人利己。这种道德品质使他们在农民中树立了良好的形象和威信。

（二）强烈的求知欲

农业技术日新月异，新的种植方法、新的农业设备不断涌现。农村实用人才带头人需要具备强烈的求知欲，不断学习新知识、新技术，以便更好地指导农民进行农业生产。他们通过阅读书籍、参加培训、与同行交流等方式，不断提升自己的知识水平和技能。

（三）良好的沟通能力和团队协作精神

农村实用人才带头人需要与农民、政府部门、科研机构等多方进行沟通协作。因此，他们需要具备良好的沟通能力和团队协作精神，以便更好地整合资源，推动农村发展。他们能够清晰地表达自己的想法，倾听他人的意见，与团队成员共同解决问题，实现共同的目标。

（四）良好的心理素质

面对农村发展的各种挑战和压力，农村实用人才带头人需要具备良好的心理素质，能够保持积极向上的心态，具有较强的抗压能力和适应能力，以便在困难面前保持冷静和理智。

二、农村实用人才带头人的能力

（一）农业技术能力

农村实用人才带头人需要具备扎实的农业技术能力。他们应熟练掌握各种农业技术，包括种植技术、养殖技术、病虫害防治技术等。同时，他们还应了解现代农业的发展趋势，能够引进和推广先进的农业技术，提高农业生产效率。

（二）市场营销能力

随着市场经济的发展，农产品的市场竞争日益激烈。农村实用人才带头人需要具备市场营销能力，能够帮助农民分析市场需求，制定销售策略，提高农产品的市场竞争力。他们还应了解消费者的需求和偏好，指导农民生产适销对路的农产品，增加农民收入。

（三）组织管理能力

农村实用人才带头人通常需要组织农民进行农业生产、销售等活动。因此，他们需要具备组织管理能力，能够制订合理的生产计划、销售计划等，确保各项工作的顺利进行。同时，他们还应善于调动农民的积极性，激发农民的创造力，形成团结、协作的工作氛围。

（四）教育培训能力

农村实用人才带头人不仅要是技术的实践者，更要成为技术的传播者。他们需要具备一定的教育培训能力，能够通过现场示范、在线教学等多种方式，有效地传授农业技术和管理知识给农民群众。这种教育培训不仅包括技术的传授，更包括对农民思维方式、经营理念的引导，帮助他们跟上现代农业的步伐，提升整体素质。

（五）社会服务能力

农村实用人才带头人应具备良好的社会服务意识和能力。他们能够为农民群众提供全方位的服务，包括技术指导、信息咨询、文化教育等。这需要带头人具备丰富的知识储备和广泛的社会资源，以便随时为农民提供所需的帮助。同时，他们还需要有敏锐的洞察力，及时发现并解决农民在生产生活中遇到的问题，满足农村地区的多元化需求。

（六）创新能力

创新是推动农业发展的重要动力。农村实用人才带头人需要具备创新能力，能够不断探索新的农业经营模式、新的农业生产技术等。他们应勇于尝试新的方法，敢于挑战传统观念，为农业发展注入新的活力。同时，他们还应鼓励农民进行创新尝试，共同推动农业现代化进程。

（七）风险应对能力

农业生产面临着诸多风险，如自然灾害、市场风险等。农村实用人才带头人需要具备风险应对能力，能够制定应急预案，及时应对各种突发事件。他们还应帮助农民增强风险意识，指导农民进行风险防范和应对，确保农业生产的稳定进行。

第三节　农村实用人才带头人的能力提升

农村实用人才带头人能力的提升对于推动乡村振兴和农业现代化具有重要意义。

一、积极参加农村实用人才带头人培训

农村实用人才带头人应主动参与由政府、农业部门或教育机构组织的各类培训项目。这些培训项目通常包括农业新技术的传授、现代农业管理理念的学习、农产品市场营销的策略以及创业指导的实践等。通过这些培训，他们不仅能够提升自身的综合素质，还能够学习到最新的农业科技和管理方法，从而在实际工作中更加高效地应用这些知识和技能。

二、学会获取农村实用人才培训学习资源

在信息化时代背景下，农村实用人才带头人需要学会如何获取和利用各种在线学习资源。这包括但不限于参与在线开放课程、观看农业技术教学视频、加入专业农业论坛和社群等。通过

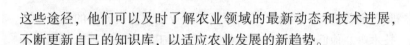

这些途径，他们可以及时了解农业领域的最新动态和技术进展，不断更新自己的知识库，以适应农业发展的新趋势。

三、加强实践经验的积累

理论知识的有效运用需要在实践中不断检验和完善。农村实用人才带头人应当将所学的理论知识和技术应用到农业生产和经营活动中，通过实际操作来积累经验。在实践中，他们可以更好地理解理论知识的实际意义，同时能够发现并解决实际工作中遇到的问题，从而提高自己的问题解决能力和实践经验。

四、建立合作与交流平台

农村实用人才带头人应当积极参与或主动建立合作社、行业协会等组织，与其他农业从业者建立良好的交流与合作关系。通过分享各自的经验和知识、讨论共同面临的问题、开展合作研究等方式，他们可以与同行共同进步，提升整个农业社区的技术水平和管理能力。

五、加强法律法规和政策学习

为了更好地适应农业发展的新环境，农村实用人才带头人需要加强对农业相关法律法规和政策的学习。这包括了解国家对农业发展的支持政策、优惠措施以及农业补贴政策等。通过深入学习和理解这些政策，他们可以更加合理地利用政策资源，提高农业生产效率和经济效益，同时确保自己的经营活动合法合规。

第二章　乡村振兴战略

第一节　乡村振兴战略概述

一、乡村振兴战略的提出

乡村振兴战略最早在 2017 年 10 月党的十九大报告中提出：农业农村农民问题是关系国计民生的根本性问题，必须始终把解决好"三农"问题作为全党工作的重中之重，实施乡村振兴战略。在党的二十大报告中又提出，全面推进乡村振兴。

二、乡村振兴战略的目标任务

实施乡村振兴战略有明确的目标任务和时间表。

（一）近期目标

到 2020 年，乡村振兴的制度框架和政策体系基本形成，各地区各部门乡村振兴的思路举措得以确立，全面建成小康社会的目标如期实现。

到 2022 年，乡村振兴的制度框架和政策体系初步健全。国家粮食安全保障水平进一步提高，现代农业体系初步构建，农业绿色发展全面推进；农村一二三产业融合发展格局初步形成，乡村产业加快发展，农民收入水平进一步提高，脱贫攻坚成果得到进一步巩固；农村基础设施条件持续改善，城乡统一的社会保障制度体系基本建立；农村人居环境显著改善，生态宜居的美丽乡村建设扎实推进；城乡融合发展体制机制初步建立。农村基本公共服务水平进一步提升；乡村优秀传统文化得以传承和发展，农民精神文化生活需求基本得到满足；以党组织为核心的农村基层组织建设明显加强，乡村治理能力进一步提升。现代乡村治理体系初步构建。探索形成一批各具特色的乡村振兴模式和经验，乡村振兴取得阶段性成果。

（二）远景谋划

到 2035 年，乡村振兴取得决定性进展，农业农村现代化基本实现。农业结构得到根本性改善，农民就业质量显著提高，相对贫困进一步缓解，共同富裕迈出坚实步伐；城乡基本公共服务均等化基本实现，城乡融合发展体制机制更加完善；乡风文明达到新高度，乡村治理体系更加完善；农村生态环境根本好转，生态宜居的美丽乡村基本实现。

到 2050 年，乡村全面振兴，农业强、农村美、农民富全面实现。

三、乡村振兴战略的特征

（一）战略目标具有递进性与延续性

乡村振兴战略的提出与前一阶段脱贫攻坚工作时间重合，前后相续，乡村振兴战略的前期重要目的即在于巩固脱贫攻坚成果，防止返贫。而后再全面推进乡村振兴战略，二者逻辑延续，互为依存。

（二）战略推进的长期性与全局性

乡村振兴战略具有长期性，乡村振兴的内涵应在未来较长的一段时间内指导着我国"三农"工作。该战略的延续与我国"两个一百年"奋斗目标同步协调，时间较久。基于长期性的特征，乡村振兴战略亦体现出了强烈的全局性。一方面，在维度上涉及事关农民生活幸福的方方面面，事无巨细；另一方面，强调近、中、远期目标并重，既重视眼前突出问题的疏解，又重视长期发展的规划。

（三）战略方针的综合性与系统性

乡村振兴战略在具体方针上突出了主体的综合性与内部要素的系统性。在主体上强调政府、企业、社会等多方力量的协调合作；在城乡联通上强调二者的统筹发展，强调城市对农村的"反哺"；在战略方式上强调人才、政策、资金、服务的综合配置。

第二节　乡村振兴战略的总要求

乡村振兴是全面振兴，包括 5 项总要求：以产业兴旺为重点、生态宜居为关键、乡风文明为保障、治理有效为基础、生活富裕为根本。

一、以产业兴旺为重点

产业兴旺是乡村振兴的重点。新时代推动农业农村发展核心是实现农村产业发展。农村产业发展是农村实现可持续发展的内在要求。从中国农村产业发展历程来看，过去一段时期内主要强调生产发展，而且主要是强调农业生产发展，其主要目标是解决农民的温饱问题，进而推动农民生活向小康迈进。从生产发展到产业兴旺，这一提法的转变，意味着新时代党的农业农村政策体系更加聚焦和务实，主要目标是实现农业农村现代化。产业兴旺要求从过去单纯追求产量向追求质量转变、从粗放型经营向精细型经营转变、从不可持续发展向可持续发展转变、从低端供给向高端供给转变。城乡融合发展的关键步骤是农村产业融合发展。产业兴旺不仅要实现农业发展，还要丰富农村发展业态，促进农村一二三产业融合发展，更加突出以推进供给侧结构性改革为主线，提升供给质量和效益，推动农业农村发展提质增效，更好地实现农业增产、农村增值、农民增收，打破农村与城市之间的壁垒。农民生活富裕前提是产业兴旺，而农民富裕、产业兴旺又是乡风文明和有效治理的基础，只有产业兴旺、农民富裕、乡风文明、治理有效有机统一起来才能真正提高生态宜居水平。党的十九大将产业兴旺作为实施乡村振兴战略的第一要求。党的二十大指出，发展乡村特色产业，拓宽农民增收致富渠道。这都充分说明了农村产业发展的重要性。当前，我国农村产业发展还面临区域特色和整体优势不足、产业布局缺少整体规划、产业结构较为单一、产业市场竞争力不强、效益增长空间较为狭小与发展的稳定性较差等问题，实施乡村振兴战略必须紧紧抓住产业兴旺这个核心，作为优先方向和实践突破点，真正打通农村产业发展的"最后一公里"，为农业农村实现现代化奠定坚实的物质基础。

二、以生态宜居为关键

生态宜居是乡村振兴的关键。习近平同志在党的二十大报告中指出，统筹乡村基础设施和公共服务布局，建设宜居宜业和美乡村。乡村振兴战略提出要建设生态宜居的美丽乡村，突出了新时代重视生态文明建设与人民日益增长的美好生活需要的内在联系。乡村生态宜居不再是简单强调单一化生产场域内的"村容整洁"，而是对"生产、生活、生态"为一体的内生性低碳经济发展方式的乡村探索。生态宜居的内核是倡导绿色发展，是以低碳、可持续为核心，是对"生产场域、生活家园、生态环境"为一体的复合型"村镇化"道路的实践打造和路径示范。绿水青山就是金山银山。乡村产业兴旺本身就蕴含着生态底色，通过建设生态宜居家园实现物质财富创造与生态文明建设互融互通，走出一条中国特色的乡村绿色可持续发展道路，在此基础上真正实现更高品质的生活富裕。同时，生态文明也是乡风文明的重要组成部分，乡风文明内涵则是对生态文明建设的基本要求。此外，实现乡村生态的良好治理是实现乡村有效治理的重要内容，治理有效必然包含着有效的乡村生态治理体制机制。从这个意义而言，打造生态宜居的美丽乡村必须要把乡村生态文明建设作为关键性工程扎实推进，让美丽乡村看得见未来，留得住乡愁。

三、以乡风文明为保障

乡风文明是乡村振兴的保障。文明中国根在文明乡风，文明中国要靠乡风文明。乡村振兴想要实现新发展，彰显新气象，传承和培育文明乡风是关键。乡土社会是中华优秀传统文化的主要阵地，传承和弘扬中华优秀传统文化必须注重培育和传承文明乡风。乡风文明是乡村文化建设和乡村精神文明建设的基本目标，培育文明乡风是乡村文化建设和乡村精神文明建设的主要内容。乡风文明的基础是重视家庭建设、家庭教育和家风家训培育。家庭和睦则社会安定，家庭幸福则社会祥和，家庭文明则社会文明；良好的家庭教育能够授知识、育品德，提高精神境界、培育文明风尚；优良的家风家训能够弘扬真善美、抑制假恶丑，营造崇德向善、见贤思齐的社会氛围。积极倡导和践行文明乡风能够有效净化和涵养社会风气，培育乡村德治土壤，推动乡村有效治理；能够推动乡村生态文明建设，建设生态宜居家园；能够凝人心、聚人气，营造干事创业的社会氛围，助力乡村产业发展；能够丰富农民群众文化生活，汇聚精神财富，实现精神生活上的富裕。实现乡风文明要大力实施农村优秀传统文化保护工程，深入研究阐释农村优秀传统文化的历史渊源、发展脉络、基本走向；要健全和完善家教家风家训建设工作机制，挖掘民间蕴藏的丰富家风家训资源，让好家风好家训内化为农民群众的行动遵循；要建立传承弘扬优良家风家训的长效机制，积极推动家风家训进校园、进课堂活动，编写优良家风家训通识读本，积极创作反映优良家风家训的优秀文艺作品，真正把文明乡风建设落到实处，落到细处。

四、以治理有效为基础

治理有效是乡村振兴的基础。实现乡村有效治理是推动农村稳定发展的基础。乡村治理有效才能真正为产业兴旺、生态宜居、乡风文明和生活富裕提供秩序支持，乡村振兴才能有序推进。新时代乡村治理的明显特征是强调国家与社会之间的有效整合，盘活乡村治理的存量资源，用好乡村治理的增量资源，以有效性作为乡村治理的基本价值导向，平衡村民自治实施以来乡村社会面临的冲突和分化。也就是说，围绕实现有效治理这个最大目标，乡村治理技术手段可以更加多元、开放和包容。只要有益于推动实现乡村有效治理的资源都可以充分地整合利用，而不再简单强调乡村治理技术手段问题，而忽视对治理绩效的追求和乡村社会的秩序均衡。党的十九大报告提出，要健全自治、法治、德治相结合的乡村治理体系。这不仅是实现乡村治理有效的内在要求，也是实施乡村振兴战略的重要组成部分。这充分体现了乡村治理过程中国家与社会之间的有效整合，既要盘活村民自治实施以来乡村积淀的现代治理资源，又毫不动摇地坚持依法治村的底线思维，还要用好乡村社会历久不衰、传承至今的治理密钥，推动形成相辅相成、互为补充、多元并蓄的乡村治理格局。从民主管理到治理有效，这一定位的转变，既是国家治理体系和治理能力现代化的客观要求，也是实施乡村振兴战略，推动农业农村现代化进程的内在要求。而乡村治理有效的关键是健全和完善自治、法治、德治的耦合机制，让乡村自治、法治与德治深度融合、高效契合。例如，积极探索和创新乡村社会制度内嵌机制，将村民自治制度、国家法律法规内嵌入村规民约、乡风民俗中去，通过乡村自治、法治和德治的有效耦合，推动乡村社会实现有效治理。

五、以生活富裕为根本

生活富裕是乡村振兴的根本。生活富裕的本质要求是共同富裕。改革开放40多年来，经过全党全国各族人民持续奋斗，我国实现了第一个百年奋斗目标，在中华大地上全面建成了小康社会，历史性地解决了绝对贫困问题。尽管农村经济社会发生了历史性巨变，农民的温饱问题得到解决，但是，广大农村地区发展不平衡不充分的问题也日益凸显，积极回应农民对美好生活的诉求必须直面和解决这一问题。生活富裕不富裕，对于农民而言有着切身感受。长期以来，农村地区发展不平衡不充分的问题无形之中让农民感受到了一种"被剥夺感"，农民的获得感和幸福感也随之呈现出"边际现象"，也就是说，简单地靠存量增长已经不能有效提升农民的获得感和幸福感。生活富裕相较于生活宽裕而言，虽只有一字之差，但其内涵和要求却发生了非常大的变化。生活宽裕的目标指向主要是解决农民的温饱问题，进而使农民的生活水平基本达到小康，而实现农民生活宽裕主要依靠的是农村存量发展。生活富裕的目标指向则是农民的现代化问题，是要切实提高农民的获得感和幸福感，消除农民的"被剥夺感"，而这也使得生活富裕具有共同富裕的内在特征。如何实现农民生活富裕？显然，靠农村存量发展已不具有可能性。有效激活农村增量发展空间是解决农民生活富裕的关键。而乡村振兴战略提出的产业兴旺则为农村增量发展指明了方向。

第三节 乡村振兴战略的实施

实行中央统筹、省负总责、市县抓落实的乡村振兴工作机制，坚持党的领导，更好履行各级政府职责，凝聚全社会力量，扎实有序推进乡村振兴。

一、加强组织领导

坚持党总揽全局、协调各方，强化党组织的领导核心作用，提高领导能力和水平，为实现乡村振兴提供坚强保证。

（一）落实各方责任

强化地方各级党委和政府在实施乡村振兴战略中的主体责任，推动各级干部主动担当作为。坚持工业农业一起抓、城市农村一起抓，把农业农村优先发展原则体现到各个方面。坚持乡村振兴重大事项、重要问题、重要工作由党组织讨论决定的机制，落实党政"一把手"是第一责任人、五级书记抓乡村振兴的工作要求。县委书记要当好乡村振兴"一线总指挥"，下大力气抓好"三农"工作。各地区要依照国家规划科学编制乡村振兴地方规划或方案，科学制定配套政策和配置公共资源，明确目标任务，细化实化政策措施，增强可操作性。各部门要各司其职、密切配合，抓紧制定专项规划或指导意见，细化落实并指导地方完成国家规划提出的主要目标任务。建立健全规划实施和工作推进机制，加强政策衔接和工作协调。培养造就一支懂农业、爱农村、爱农民的"三农"工作队伍，带领群众投身乡村振兴伟大事业。

（二）强化法治保障

各级党委和政府要善于运用法治思维和法治方式推进乡村振兴工作，严格执行现行涉农法律法规，在规划编制、项目安排、资金使用、监督管理等方面，提高规范化、制度化、法治化水平。完善乡村振兴法律法规和标准体系，充分发挥立法在乡村振兴中的保障和推动作用。推动各类组织和个人依法依规实施和参与乡村振兴。加强基层执法队伍建设，强化市场监管，规范乡村市场秩序，有效促进社会公平正义，维护人民群众合法权益。

（三）动员社会参与

搭建社会参与平台，加强组织动员，构建政府、市场、社会协同推进的乡村振兴参与机制。创新宣传形式，广泛宣传乡村振兴相关政策和生动实践，营造良好社会氛围。发挥工会、共青团、妇联、科协、残联等群团组织的优势和力量，发挥各民主党派、工商联、无党派人士等积极作用，凝聚乡村振兴强大合力。建立乡村振兴专家决策咨询制度，组织智库加强理论研究。促进乡村振兴国际交流合作，讲好乡村振兴的中国故事，为世界贡献中国智慧和中国方案。

（四）开展评估考核

加强乡村振兴战略规划实施考核监督和激励约束。将规划实施成效纳入地方各级党委和政府及有关部门的年度绩效考评内容，考核结果作为有关领导干部年度考核、选拔任用的重要依据，确保完成各项目标任务。规划确定的约束性指标以及重大工程、重大项目、重大政策和重要改革任务，要明确责任主体和进度要求，确保质量和效果。加强乡村统计工作，因地制宜建立客观反映乡村振兴进展的指标和统计体系。建立规划实施督促检查机制，适时开展规划中期评估和总结评估。

二、有序实现乡村振兴

充分认识乡村振兴任务的长期性、艰巨性，保持历史耐心，避免超越发展阶段，统筹谋划，典型带动，有序推进，不搞齐步走。

（一）准确聚焦阶段任务

在全面建成小康社会决胜阶段，重点抓好防范化解重大风险、精准脱贫、污染防治三大攻坚战，加快补齐农业现代化短腿和乡村建设短板。在开启全面建设社会主义现代化国家新征程时期，重点加快城乡融合发展制度设计和政策创新，推动城乡公共资源均衡配置和基本公共服务均等化，推进乡村治理体系和治理能力现代化，全面提升农民精神风貌，为乡村振兴这盘大棋布好局。

（二）科学把握节奏力度

合理设定阶段性目标任务和工作重点，分步实施，形成统筹推进的工作机制。加强主体、资源、政策和城乡协同发力，避免代替农民选择，引导农民摒弃"等靠要"思想，激发农村各类主体活力，激活乡村振兴内生动力，形成系统高效的运行机制。立足当前发展阶段，科学评估财政承受能力、集体经济实力和社会资本动力，依法合规谋划乡村振兴筹资渠道，避免负债搞建设，防止刮风搞运动，合理确定乡村基础设施、公共产品、制度保障等供给水平，形成可持续发展的长效机制。

（三）梯次推进乡村振兴

科学把握我国乡村区域差异，尊重并发挥基层首创精神，发掘和总结典型经验，推动不同地区、不同发展阶段的乡村有序实现农业农村现代化。发挥引领区示范作用，东部沿海发达地区、人口净流入城市的郊区、集体经济实力强以及其他具备条件的乡村，在 2022 年率先基本实现农业农村现代化。推动重点区加速发展，中小城市和小城镇周边以及广大平原、丘陵地区的乡村，涵盖我国大部分村庄，是乡村振兴的主战场，到 2035 年基本实现农业农村现代化。聚焦攻坚区精准发力，革命老区、民族地区、边疆地区、集中连片特困地区的乡村，到 2050 年如期实现农业农村现代化。

第三章　农业农村法规政策

第一节　农业法律法规概述

农业法律法规是规范农业生产、经营和管理活动的重要工具，它们为农业发展提供了制度保障，确保了农业的可持续发展和农民的合法权益。新中国成立后，农业法治建设经历了从探索阶段到现代化的过程。早期的农业立法着重于农业生产关系的变革和调整，随着时间的推移，农业法律法规体系不断完善，逐步形成了以农业法为基础的法律法规体系。

一、综合法律法规

主要包括《中华人民共和国农业法》《中华人民共和国乡村振兴促进法》《中华人民共和国粮食安全保障法》《中华人民共和国黑土地保护法》《中华人民共和国农业技术推广法》《农业行政处罚程序规定》《规范农业行政处罚自由裁量权办法》《农业行政许可听证程序规定》《农业农村部行政许可实施管理办法》等。

二、农资法律法规

主要包括《中华人民共和国种子法》《农作物种子生产经营许可管理办法》《农作物种子质量纠纷田间现场鉴定办法》《农

作物种质资源管理办法》《进出口农作物种子（苗）管理暂行办法》《农作物种子质量监督抽查管理办法》《农作物种子生产经营许可管理办法》《农作物种子标签和使用说明管理办法》《农作物种子质量检验机构考核管理办法》《农药管理条例》《农药登记管理办法》《农药登记试验管理办法》《农药生产许可管理办法》《农药标签和说明书管理办法》《农药包装废弃物回收处理管理办法》《肥料登记管理办法》《农业野生植物保护办法》《植物检疫条例实施细则（农业部分）》《食用菌菌种管理办法》《主要农作物品种审定办法》《非主要农作物品种登记办法》等。

三、农机法律法规

主要包括《无人驾驶航空器飞行管理暂行条例》《农业机械事故处理办法》《联合收割机跨区作业管理办法》《拖拉机驾驶培训管理办法》《农业机械维修管理规定》《农业机械质量调查办法》《拖拉机和联合收割机驾驶证管理规定》《拖拉机和联合收割机登记规定》《农业机械试验鉴定办法》等。

四、农产品法律法规

主要包括《中华人民共和国农产品质量安全法》《农产品质量安全监测管理办法》《农业转基因生物安全评价管理办法》《农业转基因生物进口安全管理办法》《农业转基因生物标识管理办法》《农业转基因生物加工审批办法》《农产品产地安全管理办法》等。

五、渔业法律法规

主要包括《中华人民共和国渔业法》《渔业捕捞许可管理规定》《中华人民共和国渔业船员管理办法》《渔业行政处罚规定》

《渔业船舶船名规定》《水产苗种管理办法》《水产养殖质量安全管理规定》《水产种质资源保护区管理暂行办法》《中华人民共和国渔业船舶登记办法》《水生野生动物及其制品价值评估办法》《远洋渔业管理规定》等。

六、土地管理法律法规

主要包括《中华人民共和国农村土地承包经营权证管理办法》《农村土地承包经营纠纷仲裁规则》《农村土地承包仲裁委员会示范章程》《农村土地经营权流转管理办法》《农村集体经济组织审计规定》等。

第二节 农村土地法律法规

一、农村土地承包经营制度

(一) 农村土地的确定

2018 年修正的《中华人民共和国农村土地承包法》(以下简称《农村土地承包法》) 第二条规定,农村土地是指农民集体所有和国家所有依法由农民集体使用的耕地、林地、草地,以及其他依法用于农业的土地。

(二) 家庭承包方式

《农村土地承包法》第三条规定,国家实行农村土地承包经营制度。农村土地承包采取农村集体经济组织内部的家庭承包方式,不宜采取家庭承包方式的荒山、荒沟、荒丘、荒滩等农村土地,可以采取招标、拍卖、公开协商等方式承包。

家庭承包是指以农村集体经济组织的每一个农户家庭全体成员为一个生产经营单位,作为承包人承包农民集体的耕地、林地、草地等农业用地，对于承包地按照本集体经济组织成员人人平等地享有一份的方式进行承包。

（三）农村土地的"三权"分置制度

农村土地"三权"分置制度是指农村土地集体所有权、农户承包权、土地经营权分置并行。农民集体对承包地依法享有土地所有权、承包农户对承包地依法享有土地承包经营权、经营权人对承包地依法享有土地经营权。

为落实农村土地所有权、承包权、经营权"三权"分置，《农村土地承包法》规定，承包方承包土地后，享有土地承包经营权，可以自己经营，也可以保留土地承包权，流转其承包地的土地经营权，由他人经营。国家保护承包方依法、自愿、有偿流转土地经营权，保护土地经营权人的合法权益，任何组织和个人不得侵犯。土地经营权人有权在合同约定的期限内占有农村土地，自主开展农业生产经营并取得收益。

二、农村土地承包合同

（一）什么是农村土地承包合同

2023 年颁布的《农村土地承包合同管理办法》第三条规定，农村土地承包经营应当依法签订承包合同。

农村土地承包合同是指农村集体经济组织作为发包方，与承包方之间就集体经济组织享有所有权或使用权的土地、山岭、荒地、滩涂等自然资源签订的承包经营合同。

按照承包土地种类的不同，农村土地承包合同可以区分为耕地承包合同、草地承包合同、林地承包合同。这种分类的意义在于，不同种类的土地，法定的承包期限长短不一。对不同性质土地的投资，收益的周期差别也比较大。按照《农村土地承包法》第二十一条的规定，耕地的承包期为三十年，草地的承包期为三十年至五十年，林地的承包期为三十年至七十年。耕地承包期届满后再延长三十年，草地、林地承包期届满后依照规定相应延长。

（二）农村土地承包合同的订立

农村土地承包合同的订立需要有具体的合同条款。双方的权利和义务，除了法律规定的以外，主要由合同条款加以确定。合同条款是否齐备、准确，决定了合同能否成立、生效以及能否顺利履行，是非常重要的。《农村土地承包合同管理办法》第十一条规定，发包方和承包方应当采取书面形式签订承包合同。

承包合同一般包括以下条款：发包方、承包方的名称，发包方负责人和承包方代表的姓名、住所；承包土地的名称、坐落、面积、质量等级；承包方家庭成员信息；承包期限和起止日期；承包土地的用途；发包方和承包方的权利和义务；违约责任。

承包合同示范文本由农业农村部制定。

签订农村土地承包合同需要注意以下事项：承包方代表姓名要与身份证上的一致；承包土地人口为农户现有人口；土地承包经营权共有人与承包方代表关系要明确说明；承包期限起始日期为签订合同的现时日期；承包方签章应由承包方加盖私章或者签名并按手印确认；承包土地地块情况的长、宽可以不填，但是地块面积一定要填，地块"田界"必须准确具体，台账登记不准确具体的应根据实际情况作出修订；地块地类只分为水田、旱地两类；承包地附着物情况不能漏填、错填，并且需要根据实际情况填写。

（三）农村土地承包合同的变更

《农村土地承包合同管理办法》第十三条规定，承包期内，出现下列情形之一的，承包合同变更：承包方依法分立或者合并的；发包方依法调整承包地的；承包方自愿交回部分承包地的；

土地承包经营权互换的；土地承包经营权部分转让的；承包地被部分征收的；法律、法规和规章规定的其他情形。

承包合同变更的，变更后的承包期限不得超过承包期的剩余期限。

（四）农村土地承包合同的终止

《农村土地承包合同管理办法》第十四条规定，承包期内，出现下列情形之一的，承包合同终止：承包方消亡的；承包方自愿交回全部承包地的；土地承包经营权全部转让的；承包地被全部征收的；法律、法规和规章规定的其他情形。

（五）变更或者终止承包合同提供的材料

《农村土地承包合同管理办法》第十五条规定，承包地被征收、发包方依法调整承包地或者承包方消亡的，发包方应当变更或者终止承包合同。

除上述规定的情形外，承包合同变更、终止的，承包方向发包方提出申请，并提交以下材料：变更、终止承包合同的书面申请；原承包合同；承包方分立或者合并的协议，交回承包地的书面通知或者协议，土地承包经营权互换合同、转让合同等其他相关证明材料；具有土地承包经营权的全部家庭成员同意变更、终止承包合同的书面材料；法律、法规和规章规定的其他材料。

三、农村宅基地政策与法规

（一）什么是农村宅基地

农村宅基地是农村村民用于建造住宅及其附属设施的集体建设用地，包括住房、附属用房和庭院等用地，不包括与宅基地相连的农业生产性用地、农户超出宅基地范围占用的空闲地等土地。

农村宅基地归本集体成员集体所有。《中华人民共和国宪法》第十条规定：农村和城市郊区的土地，除由法律规定属于国家所有的以外，属于集体所有；宅基地和自留地、自留山，也属于集体所有。

（二）宅基地的申请

《中华人民共和国土地管理法实施条例》（以下简称《土地管理法实施条例》）第三十四条规定：农村村民申请宅基地的，应当以户为单位向农村集体经济组织提出申请；没有设立农村集体经济组织的，应当向所在的村民小组或者村民委员会提出申请。

各省（自治区、直辖市）对农户申请宅基地条件有其他规定的，应同时满足其他条件要求。

按照《中华人民共和国土地管理法》（以下简称《土地管理法》）第六十二条规定，农村村民出卖、出租、赠与住宅后，再申请宅基地的，不予批准。

（三）宅基地申请审批程序

农村宅基地分配实行农户申请、村组审核、乡镇审批。按照《农业农村部　自然资源部关于规范农村宅基地审批管理的通知》，宅基地申请审批流程包括农户申请、村民小组会讨论通过并公示、村级组织开展材料审核、乡镇部门审查、乡镇政府审批、发放宅基地批准书等环节。没有分设村民小组或宅基地和建房申请等事项已统一由村级组织办理的，农户直接向村级组织提出申请，经村民代表会议讨论通过并在本集体经济组织范围内公示后，报送乡镇政府批准。

（四）宅基地的保留和继承

进城落户的农民可以依法保留其原来合法取得的宅基地使用权。按照《中共中央　国务院关于坚持农业农村优先发展做好"三农"工作的若干意见》"坚持保障农民土地权益、不得以退出承包地和宅基地作为农民进城落户条件"规定精神，不能强迫进城落户农民放弃其合法取得的宅基地使用权。在此之前，《国土资源部关于进一步加快宅基地和集体建设用地确权登记发证有关问题的通知》规定，"农民进城落户后，其原合法取得的宅基地使用权应予以确权登记"。

农村宅基地不能继承，农房可以依法继承。农村宅基地所有权、宅基地使用权和房屋所有权相分离，宅基地所有权属于农民集体，宅基地使用权和房屋所有权属于农户。宅基地使用权人以户为单位，依法享有占有和使用宅基地的权利。在户内有成员死亡而农户存续的情况下，不发生宅基地继承问题。农户消亡时，权利主体不再存在，宅基地使用权灭失。同时，根据继承法的有关规定，被继承人的房屋作为其遗产由继承人继承。因房地无法分离，继承人继承房屋取得房屋所有权后，可以依法使用宅基地，但并不取得用益物权性质的宅基地使用权。

（五）宅基地的利用

闲置宅基地盘活利用要统筹考虑区位条件、资源禀赋、环境容量、产业基础和历史文化传承等因素，选择适合本地实际的农村闲置宅基地和闲置住宅盘活利用模式。根据《农业农村部关于积极稳妥开展农村闲置宅基地和闲置住宅盘活利用工作的通知》，盘活利用主要有以下方式：一是利用闲置住宅发展符合乡村特点的休闲农业、乡村旅游、餐饮民宿、文化体验、创意办公、电子商务等新产业新业态；二是利用闲置住宅发展农产品冷链、初加工、仓储等一二三产业融合发展项目；三是采取整理、复垦、复绿等方式，开展农村闲置宅基地整治，依法依规利用城乡建设用地增减挂钩、集体经营性建设用地入市等政策，为农民建房、乡村建设和产业发展等提供土地等要素保障。

《农业农村部关于积极稳妥开展农村闲置宅基地和闲置住宅盘活利用工作的通知》提出，依法保护各类主体的合法权益，推动形成多方参与、合作共赢的良好局面。盘活利用的主体主要包括以下三类。一是农村集体经济组织及其成员。在充分保障农民宅基地合法权益的前提下，支持农村集体经济组织及其成员采取自营、出租、入股、合作等多种方式盘活利用农村闲置宅基地和闲置住宅。鼓励有一定经济实力的农村集体经济组织对闲置宅基地和闲置住宅进行统一盘活利用。二是返乡人员。支持返乡人员依托自有和闲置住宅发展适合的乡村产业项目。《国务院办公厅关于支持返乡下乡人员创业创新促进农村一二三产业融合发展的意见》提出"支持返乡下乡人员依托自有和闲置农房院落发展农家乐。在符合农村宅基地管理规定和相关规划的前提下，允许返乡下乡人员和农民合作改建自住房"。三是社会企业。引导有实力、有意愿、有责任的企业有序参与闲置宅基地和闲置住宅盘活利用工作。

鼓励闲置宅基地盘活利用的支持政策如下。一是资金奖励和补助。统筹安排相关资金，用于农村闲置宅基地和闲置住宅盘活利用奖励、补助等。二是金融创新支持盘活利用项目。条件成熟时，发行地方政府专项债券支持农村闲置宅基地和闲置住宅盘活利用项目。推动金融信贷产品和服务创新，为农村闲置宅基地和闲置住宅盘活利用提供支持。三是资源项目社会推介。结合乡村旅游大会、农业嘉年华、农博会等活动，向社会推介农村闲置宅基地和闲置住宅资源。

（六）宅基地使用权纠纷的解决办法

对宅基地使用权纠纷应按下列原则妥善处理：依法保护国家、集体的宅基地所有权。依法保护公民、法人合法取得的宅基地使用权。宅基地使用权随房屋转移。尊重历史、面对现实，有利于生产、生活。促进经济发展，维护社会稳定。

根据《土地管理法》的规定，对宅基地使用权纠纷的解决办法主要有3种。

（1）协商解决。《土地管理法》第十四条规定：土地所有权和使用权争议，由当事人协商解决；协商不成的，由人民政府处理。据此规定，发生宅基地纠纷，应当先通过协商的方式解决。

（2）行政解决。《土地管理法》第十四条规定：单位之间的争议，由县级以上人民政府处理；个人之间、个人与单位之间的争议，由乡级人民政府或者县级以上人民政府处理。

（3）司法解决。《土地管理法》第十四条规定：当事人对有关人民政府的处理决定不服的，可以自接到处理决定通知之日起三十日内，向人民法院起诉。这表明当事人之间就土地的使用权和所有权归属发生的纠纷，只有按照《土地管理法》第十四条的规定，先经过有关行政机关的处理，对处理决定不服的，才可以向人民法院提起诉讼。否则，人民法院不予受理。但对于侵犯土地的所有权或者使用权的，被侵权人可以不经行政机关的处理，而直接向人民法院起诉。

此外，宅基地纠纷还可以通过人民调解的方式来解决。人民调解是指在人民调解委员会（一般设置在城市的居民委员会和农村的村民委员会）的主持下，以国家的法律、法规规章、政策和社会公德为依据，对民间纠纷当事人进行说服教育、规劝疏导，促进当事人互相谅解，平等协商，从而自愿达成协议，消除纷争的一种群众自治活动。人民调解是现行调解制度的一个重要组成部分，是我国法治建设的一项独特制度。

第三节　农业生产资料法律法规

一、种子管理

（一）种子的定义

根据2021年修正的《中华人民共和国种子法》（以下简称

《种子法》）第二条规定，种子是指农作物和林木的种植材料或者繁殖材料，包括籽粒、果实、根、茎、苗、芽、叶、花等。《种子法》所称的种子不仅是常见的用于播种的籽粒，还包括育苗移栽、扦插、嫁接、压条等所用的繁殖材料。玉米、小麦、大豆是种子，葡萄枝、甘薯块根、马铃薯块茎、大蒜头、辣椒秧、番茄苗等也是种子。

（二）假种子和劣种子的认定情形

1. 假种子

以非种子冒充种子或者以此种品种种子冒充他种品种种子的；种子种类、品种与标签标注的内容不符或者没有标签的。

2. 劣种子

质量低于国家规定标准的；质量低于标签标注指标的；带有国家规定的检疫性有害生物的。

（三）种子生产经营注意事项

（1）从事种子生产经营必须取得《种子生产经营许可证》。

（2）种子生产应当执行种子生产技术规程和种子检验、检疫规程。

（3）种子生产经营者应当建立和保存生产经营档案，记录种子来源、产地、数量、销售去向和日期等内容，保证可追溯。

（4）种子生产经营者，以书面委托生产、代销种子的，应当向当地农业主管部门备案。

（5）销售的种子应当符合国家或者行业标准，附有标签和使用说明。

（6）种子生产经营者在经营过程中，禁止生产销售假劣种子、应当审定（登记）的农作物品种未经审定（登记）的、应当包装而没有包装的种子和未向农业主管部门备案的种子。

二、肥料登记管理

肥料是指用于提供、保持或改善植物营养和土壤物理、化学性能以及生物活性，能提高农产品产量，或改善农产品品质，或增强植物抗逆性的有机、无机、微生物及其混合物料。肥料登记管理应依据《肥料登记管理办法》。我国首部《肥料登记管理办法》于 2000 年 6 月 12 日经农业部常务会议通过，最新版本是 2022 年 1 月 7 日农业农村部令 2022 年第 1 号修订。

（一）肥料登记形式

农业农村部负责全国肥料登记、备案和监督管理工作，部级肥料登记形式分为备案制和登记制两种。

备案制肥料产品包含：大量元素水溶肥料、中量元素水溶肥料、微量元素水溶肥料、农用氯化钾镁、农用硫酸钾镁。

登记制肥料产品包含：农用微生物菌剂、生物有机肥、复合微生物肥料、农用微生物浓缩制剂、含腐植酸水溶肥料、含氨基酸水溶肥料、尿素硝酸铵溶液、农业用硝酸铵钙、农林保水剂、有机水溶肥料、土壤调理剂、中量元素肥料、微量元素肥料、缓释肥料、增效氮肥、肥料增效剂、农业用硝酸钙、农业用硫酸镁、土壤修复菌剂以及其他特殊产品。

免予登记的肥料包含：硫酸铵、尿素、硝酸铵、氰氨化钙、磷酸铵（磷酸一铵、磷酸二铵）、硝酸磷肥、过磷酸钙、氯化钾、硫酸钾、硝酸钾、氯化铵、碳酸氢铵、钙镁磷肥、磷酸二氢钾、单一微量元素肥、高浓度复合肥等经农田长期使用，有国家或行业标准的肥料。

（二）肥料登记类型

1. 首次登记

按照农业农村部相关规定的，部分产品需要在农业农村部的要求，申请人应当按照登记要求准备好材料后向农业农村部申请肥料登记，肥料登记证有效期为五年。

2. 续展登记

肥料登记证有效期满，需要继续生产、销售该产品的，应当在有效期满六个月前提出续展登记申请，符合条件的经农业农村部批准续展登记。续展有效期为五年。登记证有效期满没有提出续展登记申请的，视为自动撤销登记。登记证有效期满后提出续展登记申请的，应重新办理登记。

3. 变更登记

经登记的肥料产品，在登记有效期内改变使用范围、商品名称、企业名称的，应申请变更登记；改变成分、剂型的，应重新申请登记。

（三）肥料经营注意事项

（1）依法取得工商营业执照。

（2）购进肥料，应当执行进货验收制度，验明肥料登记证、产品标签、质量检验合格证明、产品使用说明和其他资料。

（3）建立肥料销售档案。肥料销售档案应当记录包括购入和销售的肥料产品、数量、生产企业、价格、批号、生产日期、购买者等情况，肥料销售档案应当在肥料销售后保存二年。

三、农药管理

（一）农药的定义

2022 年修订的《农药管理条例》第二条规定，农药是指用于预防、控制危害农业、林业的病、虫、草、鼠和其他有害生物以及有目的地调节植物、昆虫生长的化学合成或者来源于生物、其他天然物质的一种物质或者几种物质的混合物及其制剂。

农药包括用于不同目的、场所的下列各类。

（1）预防、控制危害农业、林业的病、虫（包括昆虫、蜱、螨）、草、鼠、软体动物和其他有害生物。

（2）预防、控制仓储以及加工场所的病、虫、鼠和其他有害生物。

（3）调节植物、昆虫生长。

（4）农业、林业产品防腐或者保鲜。

（5）预防、控制蚊、蝇、蜚蠊、鼠和其他有害生物。

（6）预防、控制危害河流堤坝、铁路、码头、机场、建筑物和其他场所的有害生物。

（二）经营农药的资质

应依法取得工商营业执照、农药经营许可证（专门经营卫生用农药的除外）。

在经营许可发证机关管辖区域且有效期内设立分支机构的，应当依法申请变更农药经营许可证，并向分支机构所在地县级以上地方人民政府农业主管部门备案，其分支机构免予办理农药经营许可证。

（三）农药经营者采购农药的注意事项

农药经营者采购农药应当查验产品包装、标签、产品质量检验合格证以及有关许可证明文件。

中国农药信息网可查询农药登记、标签等信息。

（四）假农药和劣农药的认定

1. 假农药的认定情形

以非农药冒充农药；以此种农药冒充他种农药；农药所含有效成分种类与农药的标签、说明书标注的有效成分不符；禁用的农药，未依法取得农药登记证而生产、进口的农药，以及未附具标签的农药，按照假农药处理。

2. 劣农药的认定情形

不符合农药产品质量标准；混有导致药害等有害成分；超过

农药质量保证期的农药，按照劣质农药处理。

第四节 农村社会保障政策

社会保障是指国家通过立法，积极动员社会各方面资源，保证无收入、低收入以及遭受各种意外灾害的公民能够维持生存，保障劳动者在年老、失业、患病、工伤、生育时的基本生活不受影响，同时根据经济和社会发展状况，逐步增进公共福利水平，提高国民生活质量。

一、新型农村社会养老保险

新型农村社会养老保险（简称新农保）是以保障农村居民年老时的基本生活为目的，建立个人缴费、集体补助、政府补贴相结合的筹资模式，养老待遇由社会统筹与个人账户相结合，与家庭养老、土地保障、社会救助等其他社会保障政策措施相配套，由政府组织实施的一项社会养老保险制度，是国家社会保险体系的重要组成部分。2014 年，国务院决定，将新型农村社会养老保险和城镇居民社会养老保险两项制度合并实施，在全国范围内建立统一的城乡居民基本养老保险制度。

（一）新农保参保范围

年满 16 周岁（不含在校学生）、未参加城镇职工基本养老保险的农村居民，可以在户籍地自愿参加新农保。

（二）新农保的基金筹集

新农保基金由个人缴费、集体补助、政府补贴构成。

1. 个人缴费

参加新农保的农村居民应当按规定缴纳养老保险费。缴费标准设为每年 100 元、200 元、300 元、400 元、500 元 5 个档次，地方可以根据实际情况增设缴费档次。参保人自主选择档次缴费，多缴多得。国家依据农村居民人均纯收入增长等情况适时调整缴费档次。

2. 集体补助

有条件的村集体应当对参保人缴费给予补助，补助标准由村民委员会召开村民会议民主确定。鼓励其他经济组织、社会公益组织、个人为参保人缴费提供资助。

3. 政府补贴

政府对符合领取条件的参保人全额支付新农保基础养老金。其中，中央财政对中西部地区按中央确定的基础养老金标准给予全额补助，对东部地区给予 50% 的补助。

地方政府应当对参保人缴费给予补贴，补贴标准不低于每人每年 30 元；对选择较高档次标准缴费的，可给予适当鼓励，具体标准和办法由省（区、市）人民政府确定。对农村重度残疾人等缴费困难群体，地方政府为其代缴部分或全部最低标准的养老保险费。

（三）建立个人账户

国家为每个新农保参保人建立终身记录的养老保险个人账户。个人缴费，集体补助及其他经济组织、社会公益组织、个人对参保人缴费的资助，地方政府对参保人的缴费补贴，全部记入个人账户。个人账户储存额每年参考中国人民银行公布的金融机构人民币一年期存款利率计息。

（四）缴费方式

1. 定时缴费

收入比较稳定的农村居民可以选用这种方法，可按月、按季缴纳费用，也可以按半年或按年缴纳保费。

2. 不定时缴费

对于收入不稳定的农村居民可以采纳此方法，熟年多缴，欠年少缴，灾年缓缴。

3. 一次性缴费

对于年龄偏大的农村居民且经济条件较好的，可以选择将保费一次性缴足，年满 60 周岁起就可按月领取养老金。

（五）养老金待遇

养老金待遇由基础养老金和个人账户养老金组成，支付终身。

1. 基础养老金

2020 年 7 月 1 日起，全国城乡居民基础养老金最低标准由每人每月 88 元提高到每人每月 93 元，2022 年 7 月 1 日起提高至每人每月 98 元。地方政府可以根据实际情况提高基础养老金标准，对于长期缴费的农村居民，可适当加发基础养老金，提高和加发部分的资金由地方政府支出。

2. 个人账户养老金

个人账户养老金的月计发标准为个人账户全部储存额除以139（与现行城镇职工基本养老保险个人账户养老金计发系数相同）。参保人死亡，个人账户中的资金余额，除政府补贴外，可以依法继承；政府补贴余额用于继续支付其他参保人的养老金。

（六）养老金待遇领取条件

年满 60 周岁、未享受城镇职工基本养老保险待遇的农村有户籍的老年人，可以按月领取养老金。

新农保制度实施时，已年满 60 周岁、未享受城镇职工基本养老保险待遇的，不用缴费，可以按月领取基础养老金，但其符合参保条件的子女应当参保缴费；距领取年龄不足 15 年的，应按年缴费，也允许补缴，累计缴费不超过 15 年；距领取年龄超过 15 年的，应按年缴费，累计缴费不少于 15 年。

要引导中青年农民积极参保、长期缴费，长缴多得。具体办法由省（区、市）人民政府规定。

二、新型农村合作医疗

新型农村合作医疗（简称新农合），是指由政府组织、引导、支持，农民自愿参加，个人、集体和政府多方筹资，以大病统筹为主的农民医疗互助共济制度。

（一）可以参加新农合的人员

除已参加城镇职工基本医疗保险的居民外，其余农村居民均应参加户口所在地的新型农村合作医疗。

由于合作医疗属于互助共济性质，所以必须是以家庭为单位，实行整户参保，避免保大不保小、保弱不保强，中小学生必须与其家庭成员一并参加合作医疗。

（二）新农合缴费标准

2024 年新农合个人缴费 380 元。有一些特殊群体的农民可以享受到减免政策的优惠。这些特殊群体包括以下 4 类。

1. 农村特困农民

这些农民是指生活在农村，家庭收入低于当地最低生活保障标准，无法支付新农合的缴费的农民，他们可以免缴新农合的费用，由国家和地方财政全额补助。

2. 低保户

这些农民是指生活在农村，家庭收入低于当地最低生活保障标准，享受最低生活保障的农民，他们可以免缴新农合的费用，由国家和地方财政全额补助。

3. 重度残疾农民

这些农民是指生活在农村，因为身体或精神上的缺陷，造成生活不能自理，需要他人长期照料的农民，他们可以免缴新农合的费用，由国家和地方财政全额补助。

4. 孤儿

这些农民是指生活在农村，父母双亡或失踪，无法确定父母生死的未成年农民，他们可以免缴新农合的费用，由国家和地方财政全额补助。这些农民都是社会的弱势群体，需要得到更多的关爱和帮助，以保障他们的基本生活和医疗需求。

（三）新农合医药费用报销要求

1. 报销材料、手续和程序

所需材料：住院发票原件；出院记录；医药费用清单或医嘱单（由就诊医院提供）；本人身份证明（身份证复印件或户籍证明）；其他（转诊证明、打工地证明等）。

手续和程序：患者在市内就诊，直接在各定点医疗机构结算住院费用；转市外的住院费用，在 1 个月内将上述材料交本乡镇卫生院（合管所）经办人员办理结报手续，经初审后，由乡镇集中送交市医保处结算。

参合人员在本市各定点医疗服务机构（卫生院）住院治疗不需办理任何手续。但因病情需要转市外就诊治疗的，由经治医生填写病情诊断，医疗机构医保办审批，报市合管办备查。急诊在十日内按规定程序补办。

2. 外出打工人员的医药费报销手续

外出打工者住院治疗，除需提供住院发票、出院记录、医药费用清单（或医嘱单）、身份证明外，还需提供打工地的打工证明材料（可由打工所在地的居委会或工厂等单位提供）。否则，按无转诊证明比例结算。

三、农村社会救助制度

（一）农村社会救助的含义

社会救助，是指国家与社会面向由贫困人口与不幸者组成的社会脆弱群体提供款物接济和扶助的一种生活保障政策，它通常被视为政府的当然责任或义务，采取的也是非供款制、无偿救助的方式，目的是帮助社会脆弱群体摆脱生存危机，进而维护社会秩序的稳定。

农村社会救助是指国家和集体对农村中生活困难的贫困人员采取物质帮助、扶持生产等多种形式以保障其基本生活的一种社会救助制度。

（二）社会救助的对象

我国的社会救助的对象主要由以下3部分人员组成。

（1）无依无靠、没有劳动能力、又没有生活来源的"三无"人员，主要包括孤儿、残疾人以及没有参加社会保险且无子女的老人。

（2）有收入来源，但生活水平低于法定最低标准的人。这部分人群也可称为贫困人口，即生活水平低于国家规定的最低生活标准的社会成员。

（3）有劳动能力、有收入来源，但由于意外的自然灾害或社会灾害，而使生活一时无法维持的人。这部分人群俗称灾民，即遭受灾害的严重侵袭而使生活一时陷入困境的社会成员。

（三）社会救助体系

社会救助体系是指一个国家或地区对于低收入群体及不幸者进行各种救助项目所形成的一整套制度框架体系。社会救助体系，按照不同的划分标准，可以做不同的分类。

1. 依据救助的实际内容分类

依据救助的实际内容，社会救助可分为生活救助、灾害救助、失业救助、住房救助、医疗救助、教育救助、法律援助等。

（1）生活救助。生活救助是指对家庭人均收入低于贫困线或当地最低生活保障标准的贫困人口，实行差额补助的一种社会救助。中国的最低生活保障制度即是一种生活救助，其最显著的特点就是解决保障对象的最低生活保障问题，而不是改善其生活。

（2）灾害救助。灾害救助是指当社会成员遭受自然灾害袭击而造成生活困难时，由国家和社会紧急提供援助的一种社会救助，目的在于帮助社会成员度过灾害发生带来的生活困境。如地震救助、洪水救助等。灾害救助包括现金救助、实物救助以及以工代赈等。

（3）失业救助。失业救助是与失业保险制度相配套的制度安排，其救助对象是因失业救济金低下无法维持基本生活或失业保险期满仍未找到工作，生活陷入困境者。其特点是不受时间限制，在失业者重新找到工作之前可以长期享受。

（4）住房救助。住房救助是指政府向低收入家庭和其他需要保障的特殊家庭提供住房租金补贴或以低廉租金配租住房的一种社会救助。其实质就是由政府承担住房市场费用与居民支付能力之间的差额，解决部分居民因住房支付能力不足而居无定所的问题。

（5）医疗救助。医疗救助是指对贫困人口中因病而没有经济能力进行治疗的人，实施专项帮助和支持的一种社会救助。其特点是在政府主导下，社会广泛参与，通过医疗机构实施，旨在恢复其受助对象的健康。

（6）教育救助。教育救助是国家和社会为保障适龄人口获得接受教育的公平机会而对贫困地区和贫困家庭子女提供物质援助的一种社会救助。其特点是通过减免学杂费用、资助学杂费等方式帮助贫困人口完成相关阶段的学业，以提高其文化技能。

（7）法律援助。法律援助是指国家在司法制度运行中对因贫困及其他原因导致的难以通过一般意义上的法律手段保障自身基本社会权利的社会成员，通过减免收费、提供法律帮助等实现其司法权益的一项社会救助。与其他社会救助项目不同的是，法律援助是以司法救济的形式出现的，其直接目的是实现司法公正与正义。法律援助的主要内容包括诉讼费减免、免费提供律师、公证和法律咨询服务等。

2. 依据救助的手段分类

依据救助的手段，社会救助可以划分为现金救助、实物救助、服务救助和以工代赈等。

（1）现金救助。现金救助是指以发放现金的形式为救助对象提供帮助的社会救助形式，费用的减免或核销其实也是现金救助，它是现代社会救助的主要形式。现金救助的优点是受助者可以根据自己的需要来将其转换为各种物质或服务，从而更有利于实现据需保障。在社会救助中，现金救助采用得最为经常。

（2）实物救助。实物救助是指以发放物资的形式为救助对象提供帮助的社会救助形式，它是一种传统的救助形式。实物救助的优点是所发的物资可以直接消费，救助的效果比较快捷，因此，在现代社会它主要在灾害救助中被经常采用。不过，实物救助需要讲究针对性，从而并非任何救助项目均可以采用的。

（3）服务救助。服务救助是指针对特殊的救助对象提供生活照顾和护理等服务。主要包括了对高龄老人的护理服务、对孤儿的关爱和照顾等。

（4）以工代赈。以工代赈是指通过提供相应的工作或就业机会并发放劳动报酬的方式实现对救助对象的救助。

实际上，许多救助项目在实践中并不限于使用上述一种手段，而是可能两种或多种救助同时采用。如灾害救助就几乎包括了上述4种救助手段。

第四章　农业高质量发展

第一节　农业高质量发展的内涵与特征

一、农业高质量发展的内涵

农业高质量发展是指在保障国家粮食安全、促进农民增收和改善农村生态环境的前提下，通过提升农业全要素生产率、推动农业现代化、促进农业产业升级、提高农产品质量和市场竞争力，实现农业经济的持续增长和可持续发展的发展理念。

二、农业高质量发展的特征

与重视规模、注重增产、轻视环境影响的传统农业发展方式相比，农业高质量发展是能够与时俱进的、体现新发展理念的发展。从目前和今后中长时期的发展趋势看，农业高质量发展应涵盖需求牵引、供给变革、投入产出、利益分配等各个环节，并具有以下5个方面的典型特征。

（一）具有较高的市场化、品牌化水平

农业的首要功能是提供农产品供给，因此高质量发展首先应该保证生产的产品高质量。顺应人民日益增长的美好生活需要，特别是适应农产品消费需求小型化、特产化、精致化、功能化的变动趋势，需要紧紧围绕不断变化的市场需求安排组织生产，充分发挥市场配置资源要素的决定性作用，将农业生产经营活动引入市场化轨道。在维护国家粮食安全和口粮自给等底线任务的基础上，农业高质量发展更加强调农产品质量提升和品牌建设，注重发挥需求对农业产业转型、产品功能提升的市场牵引作用，不断提升特色优质农产品包装水平、产品形象、品牌知名度和营销能力，在满足市场需求的过程中实现生产者与消费者"双赢"。

（二）具有较高的特产化、融合化水平

农业高质量发展应当是顺应产业发展规律以及产业融合交叉渗透的趋势，并通过"以特取胜""以特增值"实现产业高效益的发展。农业高质量发展不能千篇一律，更不能盲目求大，而是要立足各地农村的资源禀赋和区位优势，结合当地自然风貌、田园风光、传统手艺、乡土风情等特点，因地制宜、因时制宜、适地而种，开发特色产品、培育特色产业、凝聚特色优势，延长产业链、提升价值链、完善利益链，形成"人无我有，人有我优"的差异化特征，做到农业特产化水平全面提升。实现农业高质量发展，农业将与生态、文化、旅游等产业深度融合，农产品加工业将实现转型升级，农业关联产业规模将不断增加，农村新产业新业态将不断壮大，农业多功能性将得到充分发挥，并能够为农民持续较快增收提供有力支撑。

（三）具有较高的精确化、智能化水平

具备较高水平的物质装备条件，能够充分实现科技赋能与知识增效，是农业高质量发展的重要条件。顺应新一代信息技术、数字科技快速迭代的发展趋势，农业数字技术、智能生产管理、精准质量溯源等对于推动农业高质量发展将更加重要。当前，我国农业机械装备的数字化、智能化改造升级步伐加快，智慧农业装备能力不断增强，遥感遥测遥控等技术加速推广应用，为农业高质量发展奠定了技术条件。推动农业高质量发展，将依靠更加先进的技术条件和物质装备，发展精确农业、智慧农业，打造未来农场和未来乡村，实现农业生产差异化、产品多元化与机械作业精确化的有机统一，构建起立体式、科学化的数字农业和数字乡村发展格局。

（四）具有较高的生态化、绿色化水平

优美的生态环境是农业农村最大的发展优势和永恒财富。顺应经济可持续发展和全面绿色转型的时代潮流，农业高质量发展要把绿色作为底色，将低碳循环发展摆在更加突出的位置，严格环境准入，加强过程监管，落实主体责任，统筹整合实施小流域综合治理、畜禽粪污资源化利用、秸秆综合利用还田、深松整地、绿色种养循环农业、保护性耕作试点示范等政策举措，做到资源同聚、力量同汇，不断增加生态产品和服务供给，实现农产品的生态化和乡村生态的产品化。农业高质量发展必须实现资源利用高效率，这就意味着，农产品质量安全水平显著提升，化肥农药减量增效等不同类型绿色农业技术和产品集成推广，农产品品种和品质结构不断优化，农业可持续发展能力不断提升。

（五）具有较高的职业化、专业化水平

只有高素质农民才能成为农业高质量发展的有效承载主体。顺应农业从业者高龄化、女性化的人口结构变化趋势，农业高质量发展要把培育新型农业经营主体和新型职业农民摆在更加突出的位置，继续加大针对各类经营主体的培训力度，不断提高农业从业者的文化素质和经营管理水平，建设一支知识型、技能型、创新型的高素质经营者队伍。实现农业高质量发展，法人化的规模经营将成为主要生产形式，家庭农场、农民合作社等新型农业经营主体将成为主要组织载体，小农户则依托专业化、社会化服务等各种方式与现代农业有机衔接，土地、资本、人才等要素实现集约化投入，农业专业化水平持续提升。

第二节　农业科技创新与推广应用

农业是国家经济的重要支柱，而农业科技创新是推动农业发展和现代化的重要力量。随着科技的不断进步，农业技术的创新与应用成为推动农业现代化的关键。

一、农业科技创新的重要性

（一）提高农业生产效率

农业科技创新对提升农业生产效率具有至关重要的作用。通过引进和应用先进的农业技术，如智能化农业设备、生物技术和信息化管理，可以显著提高作物的单产和农业生产的整体效率。这些技术的应用不仅能够减少对人力资源的依赖，还能通过精准农业实践，实现对作物生长环境的精确控制，从而在保障粮食安全的同时，提高农业生产的经济效益和竞争力。

（二）促进农产品加工与营销

农业科技创新在农产品的加工与营销领域同样发挥着重要作用。新型的食品加工技术不仅能够提升农产品的口感和营养价值，还能够延长产品的保质期，拓宽销售半径。此外，农业科技创新还包括对农产品市场的深入研究，通过市场数据分析和消费者行为研究，帮助农民和企业更好地了解市场需求，制定有效的营销策略，提升农产品的市场竞争力。

（三）保护环境与可持续发展

环境保护和可持续发展是现代农业发展的重要方向，农业科技创新在其中扮演着关键角色。通过研发和推广节水灌溉技术、有机肥料、生物农药等环保型农业技术，可以有效减少农业生产对环境的负面影响，保护土壤肥力和水资源。同时，农业科技创新还包括对生态系统的保护和修复，如通过生物多样性保护和生态农业实践，构建健康稳定的农业生态系统，为农业的长远发展奠定坚实的基础。通过这些措施，农业科技创新不仅有助于实现农业生产的绿色转型，还能够促进农村经济的可持续发展，提高农民的生活质量。

二、提升农业科技创新水平

培育符合现代农业发展要求的创新主体，建立健全各类创新主体协调互动和创新要素高效配置的国家农业科技创新体系。强化农业基础研究，实现前瞻性基础研究和原创性重大成果突破。加快关键核心技术研发。深化农业科技体制改革，改进科研项目评审、人才评价和机构评估工作，建立差别化的评价制度。深入实施现代种业提升工程，开展良种重大科研联合攻关，培育具有国际竞争力的种业龙头企业，推动建设种业科技强国。

（一）完善国家农业科技创新体系建设

培育符合现代农业发展要求的创新主体。进一步明确农业科技创新活动中企业、科研院所、高校、社会组织等各类创新主体的功能定位。培育创新型农业企业，更好地发挥企业作为技术创新决策、研发投入、科研组织和成果转化的主体作用。培育和建设世界一流的农业大学和科研院所，充分发挥高等学校和科研院所作为基础知识创新和科技创新人才培养的主体作用。充分发挥各类社会组织在科技普及、推广服务、教育等方面的作用，促进科技与经济紧密结合。适应农业科技公共性、基础性、社会性的特点，加快构建符合农业科技发展规律、结构完整、创新高效、功能完善、运行顺畅的国家现代农业科技创新体系，形成创新驱动发展的实践载体、制度安排和环境保障。

（二）加强基础前沿技术研究

面向世界科学前沿、国家农业重大需求和未来科技发展趋势，针对事关国计民生和产业核心竞争力的重大战略任务，围绕农作物高效育种、有害生物长效绿色防控、农业资源高效利用、农产品质量安全控制、主要畜禽全基因组选择育种技术、农业合成生物技术、农业大数据整合技术、农业纳米技术、农业人工智能技术、智能装备研制等创新能力带动作用强，研究基础和人才储备较好的战略性、前瞻性重大科学和前沿技术问题，强化以原始创新和系统布局为特点的大科学研究组织模式，部署基础研究重点方向，实现重大科学突破，抢占世界科学发展制高点。

（三）加快关键核心技术研发

1. 大宗农产品方面

重点是按照节本增效、优质安全、绿色发展要求，选育高产高效优质、适宜机械化作业、资源高效利用的动植物水产新品种，研发主要农作物畜禽水产优质高产品种配套栽培养殖技术，研发土壤理化性状调控关键技术，研发农田养分均衡调控技术、水肥一体化技术与关键设备，研发水产高效生态健康生产技术，研发渔业生物资源高值化利用技术，研发高效低毒低残留化学农药、生物农药和先进施药机械化技术，研发动物用抗菌药替代技术和产品以及中兽药制剂和精准用药技术，研发大宗农产品保鲜、储藏和运输工程化技术；开展新型非热加工、绿色节能干燥、高效分离提取、长效减菌包装和清洁生产技术升级与集成应用。

2. 名特优新产品方面

重点是按照改善产品品质、提高效益、保护产地生态的要求，选育风味独特、品质优良、商品性好、适于加工的特色农作物、畜禽、水产新品种，研发配套高效、环保的轻简化栽培技术和设备，开发特色农产品高效干燥、储藏保鲜等初加工工艺和设备，开展传统食品工业化关键技术研究，研发传统加工食品高效加工工艺、储运技术和设备。

（四）激活机制

推进科研机构和科技人员分类评价机制改革，核心是把科技与产业的关联度、科技自身的创新度、科技对产业的贡献度作为评价标准。完善协同创新机制，做强国家农业科技创新联盟，着力解决农业基础性、区域性和行业性重大关键问题。探索科技与人才、金融、资本等要素资源结合新机制，推进建设现代农业产业科技创新中心，打造区域农业经济增长极。

（五）加快种业自主创新

以主要农作物、经济作物、农业动物、林木花草、微生物等面临国际种业竞争压力的主要动植物种业为重点，聚焦种业产业链协同创新发展的瓶颈问题，发挥企业技术创新主体作用，重点在种质资源收集保存和评价、种子质量安全评价、育种技术创新、品种（系）创制、高效繁殖（育）和质量检测等关键核心技术方面取得突破，推进规模化育种技术集成应用，培育具有自主知识产权的重大新品种，发展绿色种业，构建市场主导、企业主体、科技支撑的产学研一体化种业创新体制，培育具有全球影响力的种业企业，从源头上保障国家食物安全。

三、加强农业科技推广应用

建设农业强国，要坚持科技和改革双轮驱动，加快实现高水平农业科技自立自强，健全完善现代农业科技推广应用体制机制，强化农业科技支撑。

（一）加强面向应用需求的农业科技供给

全球新一轮科技革命和产业变革蕴含着新机遇。要紧盯世界农业科技前沿，突出应用导向，推动现代农业科技迭代升级，给农业插上科技的翅膀。

1. 加强农业科技应用基础研究

面向国家重大战略需求和农业生产重大问题，开展前沿性、原创性基础研究和重大应用研究。以现代农业产业需求为导向，以农业关键核心技术攻关为引领，聚焦底盘技术、核心种源、关键农机装备、合成药物、耕地质量、农业节水等重点领域，整合各级各类优势科研资源，构建梯次分明、分工协作、适度竞争的农业科技创新体系，提升农业科技创新整体效能。

2. 建设农业科技应用转化平台

围绕乡村振兴科技需求，加强现代农业生产、装备制造、环境整治、食品安全等方面的技术研发，布局建设农业领域国家研究中心与重点实验室、国家工程技术研究中心等，充分发挥国家农业科技园区、国家农业高新技术产业示范区的科技研发、孵化和成果转化作用，建立农村科技综合服务与技术推广体系、专业化农业技术转移服务体系，促进科技要素向农业农村汇聚。

3. 强化关键核心技术创新应用

推动农业技术集成与应用，按照增产增效并重、良种良法配套、农机农艺结合、生产生态协调的原则，促进农业技术集成化、劳动过程机械化、生产经营信息化、安全环保法治化，加快构建适应高产、优质、高效、生态、安全农业发展要求的技术体系，提升农业科技的经济效益、社会效益和生态效益。

（二）推动科技与产业深度融合

农业科技推广应用是农业科技与农业生产有机结合的桥梁纽带。要坚持以现代科学技术改造提升农业产业，实现农业产业与农业科技双向互动，提升农业产业竞争力。

1. 推动农业科技与一二三产业融合发展

围绕产业链部署创新链、贯通供应链、提升价值链，开发农业多种功能，积极发展绿色农业、生态农业、高效农业，拓展农业发展新空间。创新应用农产品精深加工技术，加快发展健康安全的现代食品产业。推广应用绿色、低碳生产技术，着力打造休闲农业和乡村旅游沉浸式、体验式新场景，挖掘乡村生态价值。加强物联网、大数据、区块链、人工智能、5G 等现代信息技术应用覆盖，积极发展农村电商、物流配送、智慧农业等新产业新业态。

2. 强化企业科技创新主体地位

推进农业科研项目管理模式创新，推广"揭榜挂帅"机制，建立以企业为主体的农业科技创新联合体和创新联盟，实现创新链与产业链、创新端与应用端的有效对接。支持农业科技型企业以农业科技园区、产业园区、产业基地为依托，示范推广农业科技创新成果。创新企业与科研人员的利益联结机制，鼓励科研人员积极参与企业技术研发。加大对农业企业科技创新的支持力度，设立农业科技资助专项经费，扩大研发费用加计扣除优惠政策适用范围，落实落细政府采购促进农业企业创新发展的相关政策。

（三）完善农业科技推广服务体系

农业科技推广是农业科技成果直达各类经营主体的有效途径。要适应农业经营主体多样化、个性化的技术需求，加快建设网络化、信息化、高效化的农技推广服务体系。

1. 构建多元化农业科技服务体系

强化农技推广机构服务功能，鼓励高校和科研院所提供高水平科技服务，广泛调动涉农企业、供销合作社、农民合作社、家庭农场及社会组织等科技服务主体积极性，推动不同科技服务主体相互协作，构建多元互补、开放高效的农业科技服务网络。加强基层农技推广服务体系建设，引导各类科技服务主体深入基层，把先进适用技术送到生产一线，加速科技成果在基层转移转化。

2. 提升农业科技服务信息化水平

加强农业科技服务信息化建设，实施农业科技服务信息化集成应用示范工程，推动大数据、云计算、人工智能等新一代信息技术在农业科技服务中的示范应用，探索"互联网+"农业科技服务新手段，提高科技服务精准化、智能化、网络化水平，推动农业科技数据资源开放共享。把县域作为统筹农业科技服务的基本单元，创新农业科技服务资源配置机制，引导科技、人才、资金等创新要素在县域集聚。

（四）壮大农业科技推广人才队伍

农业科技推广人才是农业科技推广应用的积极促进者。要着眼打通农业科技应用"最后一公里"，加强农业科技推广人才队伍建设，激发农业科技创新内生动力。

1. 加强基层农技推广人才建设

全面实施农技推广服务特聘计划，提升基层农技人员素质，着力培育一大批种田能手、农机作业能手、农技传播能手、农业经营能手等农业科技带头人。深入实施农业科技特派员制度，鼓励支持农业科技特派员领办创办协办农民合作社、专业技术协会和农业企业，允许农业科技特派员以技术服务入股、项目入股、利润提成等形式与经营主体结成利益共同体。

2. 提高农民科技文化素质

建立短期培训、职业培训和学历教育衔接贯通的教育培训制度，促进农民终身学习，不断提高科技文化素质。发挥农业广播电视学校、农业科研院所、涉农院校、农业龙头企业的作用，引导优质教育资源下沉乡村，推进教育培训资源共建共享、优势互补。以家庭农场主和农民合作社带头人为重点，着力培养新一代爱农业、懂技术、善经营的新型职业农民，扩大科技成果转化需求，有效推进现代农业科技的推广应用。

第三节　农业产业结构调整

农村产业结构调整是实现乡村振兴战略的关键举措之一。农村经济的多样化与现代化旨在降低农村对传统农业的依赖，提高农村产业的综合竞争力和可持续发展水平。通过合理的政策引导和资源配置，农村产业结构调整将为农民带来更好的发展机遇，助力农村经济腾飞。

一、多元化农村产业发展

农村产业的多样化是农村经济转型的重要路径。传统的农业生产一直是农村的主要经济支柱，但过度依赖农业可能会导致农村经济的波动和不稳定。因此，鼓励农村发展多种产业是实现农村经济多样化的重要举措。

首先，农村可以发展农业的多样化产业，包括畜牧业、渔业和林业。通过培育畜牧养殖业，农民可以充分利用农产品副产品，提高资源利用率。此外，发展渔业和林业可以拓宽农民的经济来源，同时促进生态保护和可持续发展。

其次，农村还可以加强农村旅游和文化创意产业的发展。农村拥有得天独厚的自然和人文资源，发展旅游业将为农民带来旅游服务、特色农产品销售等增值机会。而文化创意产业的发展可以挖掘乡村文化资源，推动农村文化的传承与创新。

二、农产品加工和品牌建设

农产品加工和品牌建设是促进农村产业结构调整的关键策略。传统农产品的原始销售模式通常利润较低，通过加工和品牌建设可以提高农产品的附加值，增加农民的收入来源。

加强农产品加工是关键一环。通过加工农产品，可以将农产品加工成深加工产品，提高产品附加值。例如，农产品可以加工成精加工食品、加工农副产品成为工业原料等，从而拓展产品销售渠道，增加农民的收入。

品牌建设是农产品增值的另一个重要手段。打造农产品品牌可以提高产品的市场竞争力，吸引更多消费者，使农产品成为消费者心目中的首选。品牌建设还可以增加农产品的知名度，打破传统区域限制，将农产品销售拓展到更广阔的市场。

三、科技创新与现代农业产业园区

科技创新是推动农村产业结构调整的强大引擎。农村产业的现代化离不开科技的支持。政府可以加大对农业科技创新的支持力度，推广现代农业技术和管理模式。

一方面，科技创新可以提高农业生产效率和质量。例如，推广先进的农业生产技术，如精准农业、智能农机等，可以降低生产成本，提高农产品质量和产量。

另一方面，科技创新还可以推动农村产业的现代化。在农村设立现代农业产业园区，集聚相关产业，形成产业链条和配套服务体系，有利于提高资源利用效率，推动农村经济的集约化和专业化发展。

四、人才培养与引进

人才是农村产业结构调整的核心资源。农村需要拥有一支具备现代管理和技术能力的专业人才队伍，帮助农民进行产业升级和发展。

首先，政府可以加大对农村人才培养的投入，推动农村教育和职业培训。通过加强农村教育，培养更多有农业科技和管理专业知识的农民，提高农民的技能水平。同时，政府可以举办职业培训课程，帮助农民掌握现代农业技术和管理知识。

其次，政府可以通过政策措施吸引城市人才和专业人士回乡创业。例如，提供优惠的创业政策、住房补贴等，鼓励有创业意愿的城市人才回到农村发展。这将为农村产业结构调整注入新鲜的思想和动力。

五、政策支持与展望

农村产业结构调整需要政府的积极政策支持和长期规划。政府可以出台一系列政策措施，激励和引导农村产业结构的调整和升级。

首先，政府可以提供财税优惠政策。对于投资于农村产业多元化和现代化的企业和个人，可以给予税收减免或税收优惠，降低其经营成本，增强其发展动力。

其次，政府可以加大对农村产业发展的金融支持。设立专项资金，支持农村产业结构调整的项目和企业，鼓励金融机构加大对农村产业的信贷支持，提供更多的融资渠道。

再次，政府可以改革农村土地制度，鼓励农地资源的流转和集约利用。通过农地流转，可以促进农村产业的规模化发展和优势互补，提高农业生产效率和产值。

最后，政府可以推动农村产业结构调整与乡村振兴战略相衔接。将农村产业结构调整纳入乡村振兴规划，加强产业政策和区域协调，确保农村产业的发展与乡村振兴目标相一致。

第四节　农业绿色发展

农业绿色发展是指通过推进农业现代化、加强农业生态环境保护、提高农业资源利用效率、推动农业生产方式转型升级等措施，实现农业可持续发展和生态文明建设的目标。农业绿色发展本质上是一种高质量的可持续发展，旨在推动形成资源节约保育、生态环境安全、绿色产品供给和生活富裕美好的农业农村高质量持续发展新格局。

一、落实农业绿色发展区划

通过落实主体功能区制度，开展农业绿色发展区划，实现优化农业生产力布局，形成与资源环境承载力相匹配、与生产生活生态相协调的乡村振兴绿色发展格局。

一是落实农业主体功能区划分，基于全国主体功能区划定技术，依托全国农业可持续发展规划和优势农产品区域布局规划，立足生态承载力（如水土资源匹配性），将农业发展区域细划为优化发展区、适度发展区、保护发展区，明确区域发展重点。

二是开展农业绿色发展区划。在主体功能区划之下，加快划定粮食生产功能区、重要农产品生产保护区，认定特色农产品优势区，实现"功能区""保护区""优势区"与主体功能区区划的衔接合一，形成全国农业绿色发展区划方案，指导全国农业绿色发展布局。

三是优化乡村"三生"空间，以乡村振兴为契机，优化乡村农业生产、农民生活、农村生态的"三生"空间布局，拓展农业多种功能，打造种养结合、生态循环、环境优美的乡村田园生态系统。

二、发展壮大农业绿色产业

推进农业绿色发展，需要强有力的绿色技术支撑和产业基础。农业绿色产业主要包括下面方面。

一是清洁生产产业，着力发展园区产业链接循环化改造、园区重点行业清洁生产改造、危险废物处理处置、高效低毒低残留农药生产与替代、挥发性有机物综合整治、农业节水和水资源高效利用、畜禽养殖废弃物污染治理、包装废弃物回收处理、废弃农膜回收利用节能环保。

二是清洁能源产业，着力发展生物质能利用装备制造、生物质能源利用设施建设和运营、多能互补工程建设和运营。

三是生态环境产业，着力发展生态农业、绿色畜牧业、绿色渔业、农作物种植保护地、保护区建设和运营、农作物病虫害绿色防控等。

四是生态保护产业，包括农业非物质文化遗产保护运营和生态功能区建设维护和运营等。

五是生态修复产业，着力发展增殖放流与海洋牧场建设运营、重点生态区域综合治理、荒漠石漠化和水土流失综合治理、有害生物灾害防治、地下水超采区治理与修复、农村土地综合整治、海域海岸带和海岛综合整治等。

六是基础设施绿色升级，主要包括建筑可再生能源应用、物流绿色仓储、公园绿地建设养护和运营。

七是绿色服务产业，主要包括绿色产业项目方案设计服务、绿色产业项目技术咨询服务、碳排放权交易服务、水土保持评估、环境损害评估监测、生态环境监测、技术产品认证和推广等。

三、养护修复田园生态系统

在农业资源环境问题突出农区养护修复田园生态系统。

一是稳步推进耕地轮作休耕制度试点，推动用地与养地相结合，集成推广绿色生产、综合治理的技术模式，在确保国家粮食安全和农民收入稳定增长的前提下，对土壤污染严重、区域生态功能退化、可利用水资源匮乏等不宜连续耕作的农田实行轮作休耕。

二是降低耕地利用强度，落实东北黑土地保护制度，管控西北内陆、沿海滩涂等区域开垦耕地行为。

三是完善农田生态基础设施，遵循生态系统整体性、生物多样性规律，开展田园生态基础设施建设与维护，比如植物篱、生态沟渠、生态廊道、生态岛屿、防护林网等，恢复田间生物群落和生态链，建设健康稳定田园生态系统。

四、培育乡村绿色生活方式

推动生活方式绿色化是推动人与自然和谐发展、实现生态文明建设的重要途径。

一是倡导绿色生活理念，加强生态文明宣传教育，把珍惜生态、保护资源、爱护环境等内容纳入农民教育和培训体系，纳入"丰收节"等群众性精神文明创建活动，增强全民节约意识、环境意识、生态意识。

二是培育农产品绿色消费方式，倡导安全、健康、环保的饮食理念，鼓励采购时令绿色食材，提倡适度点餐，持续开展"光盘"行动，拒绝食用珍稀野生动物，减少使用一次性餐具，鼓励餐厨废弃物家庭、社区再利用，建设绿色厨房试点。

三是生活方式绿色化试点，选择条件较好、工作成熟、经验较丰富的乡村，广泛开展节约型机关、绿色家庭、绿色学校、绿色社区创建活动，引导青壮年群体践行绿色生活方式，发挥领导干部、公众人物在全社会的带动辐射作用，摸索经验，树立典型，引领示范。

五、构建绿色发展体制机制

一是开展农业自然资产统计试点工作，开展农业自然资产统计试点，推行农业自然资产统计评价，探索构建全国统一的绿色农业统计指标体系。

二是建立绿色导向的农业生态补偿制度，全面分析我国现阶段农业补贴政策和资金，形成我国农业绿色发展的补偿技术清单、补偿标准，以及执行流程、评估标准，实施绿色生态导向的农业补偿制度。

三是制定国家农业绿色产业指导目录，逐步制定细化目录或子目录，并紧密结合国家绿色产业政策及时进行调整，健全农业循环经济推广制度，在重点领域、重点行业、重点环节推行出台投资、价格、金融、税收等方面的推广支撑政策，指导各机关、团体、企业、社会组织更好支持农业绿色发展。

第五章　乡村治理

乡村治理是国家治理在乡村社会的延伸和体现，是追求乡村社会发展的治理行为总和。面对新形势下的乡村基层治理体系，必须坚持自治、法治、德治有机结合，3 种治理方式属于不同范畴，互为补充、缺一不可。

第一节　加强乡村自治

自治是基层社会治理的内生力，具有基础性作用。自治有利于解决社会治理的主体和组织形式的问题，鼓励把群众能够自己办的事交给群众，把社会组织能够办的事交给社会组织，把市场能做的事交给市场，打造人人有责、人人尽责的基层社会治理共同体。

一、自治是"三治合一"乡村治理体系的基础

党的十九届四中全会审议通过的《中共中央关于坚持和完善中国特色社会主义制度推进国家治理体系和治理能力现代化若干重大问题的决定》指出，要"健全充满活力的基层群众自治制度"。村民自治，简而言之，就是广大农民群众直接行使民主权利，依法办理自己的事情，创造自己的幸福生活，实行自我管理、自我教育、自我服务的一项基本社会政治制度。村民自治涉及很广，包括的内容很多，概括起来主要是"三个自我、四个民主"。"三个自我"，即自我教育、自我管理和自我服务。自我教育就是

通过开展各种民主自治活动使村民受到教育和提高，每一个村民既是教育者，又是被教育者。自我管理就是村民依法组织起来，管理本村事务。自我服务就是通过村民委员会组织村民解决生产、生活等问题，促进农村发展。"四个民主"即民主选举、民主决策、民主管理、民主监督。要把村民自治贯穿民主选举、民主决策、民主管理、民主监督等全过程，充分保障村民行使"当家作主"的权利，激发村民参与乡村治理的积极性和主动性，不断丰富和创新自治平台、自治方式，切实提高基层治理能力和水平。

二、当前乡村自治中存在的问题

乡村治理和乡村管理的重要区别就是乡村管理强调政府对乡村社会的单向管理，而乡村治理则更加注重发挥政府之外的组织、团体在治理中的作用。

改革开放以来，在基层治理的探索上，我国建立了党领导下的村民自治制度，有效地实现了村民的自我管理、自我教育和自我服务，奠定了乡村治理的组织基础。但是，随着形势的发展，村民自治面临着一些突出矛盾和问题，主要就表现在以下4个方面。

（一）农村基层组织体系有待健全

当前农村生产力和生产关系发生了巨大的历史性变化，新型农业经营主体大量涌现，农村人口流动更加频繁。与此相对应的是，在这一过程中，农村基层党组织中存在一些问题，有一些基层党组织没有覆盖到农村企业、合作社等组织；有一些集体经济较强的村还没有成立村级集体经济组织；也有不少村的村务监督机构有名无实；有些地方的基层组织软弱涣散，不能有效组织和带动农民，影响了农民群众的归属感和向心力。

（二）村两委关系不协调

在村级组织关系上，一些农村的党支部和村委会的关系不顺，或者党支部包揽一切，代替了村委会履职，或者是村委会以村民自治为由，拒绝党支部的领导，一些村委会不依法行使职权，擅自决定应该由村民会议或村民代表会议决定的事项。村民组织法有明确的规定，涉及农民利益的重大事项，依据法律的规定，要通过村民会议或者村民代表会议进行决定，有的村不遵照执行，变执行者为决策者，再加上村务监督机构监督不到位，一部分地区还导致集体资产的流失，存在小官巨贪等一些现象，而且现行的法律对村委会的职责和农村经济组织的职责，界定得不是十分清楚，在一些地方也产生了政经不分的问题，导致集体成员与外来的村民，围绕着土地、分红等一些敏感问题产生许多矛盾，这种现象在一些城中村，城郊村还有沿海经济发达地区，表现得尤为突出。在村委会与乡镇的关系上，一些乡镇政府随意地对村委会发号施令，将指导与被指导的关系变成领导与被领导的关系，村委会忙于为政府跑腿，无暇谋划村里的事业。也有的村委会干部以村民自治为由，不接受乡镇的指导和正常的监督，甚至不协助，不配合乡镇的工作。

（三）村民民主意识不强

村民参与政治生活的主动性不强，不能有意识地正确使用国家赋予的选举权，习惯于上级领导的安排，在参与村民自治的过程中，缺乏自主意识，被动地参与政治活动，他们认为，政治活动与自己没有太大关系，导致民主没有完全实施。

（四）贿选现象生根发芽

个别地方的农村在选举上，存在着拉票贿选的现象，有的地方甚至受到了宗族、宗派、黑恶势力的影响，一些村委会不能有效地为村民提供服务，缺乏凝聚力和号召力；在村干部的素质上，现在不少村干部年龄老化、思想僵化、能力弱化，难以带领农民发展经济，建设自己的家园，当然，也还有少数的村干部贪污受贿，严重地损坏了集体和农民的权益。

以上这些问题的存在，在很大程度上影响了村民自治制度的实效，需要着力研究解决。

三、乡村自治的实现途径

基层群众的自治制度，是我国一项基本的政治制度，人民群众是基层社会治理的力量源泉，总的思路就是要尊重农民群众的主体地位，相信群众、依靠群众、为了群众，最大限度地调动农民群众参与社会治理的积极性、主动性和创造性。充分发挥村民自治组织的自我组织、自我管理、自我服务的优势，大力培育和引导农村各类社会组织的发展，建立以农民自治组织为主体，社会各个方面广泛参与的社会治理体系，真正地实现民事民议、民事民办、民事民管。

（一）加强乡村基层党组织建设

健全以党组织为核心的组织体系，突出农村基层党组织的领导核心地位。坚持乡镇党委和村党组织全面领导乡镇、村的各项组织和各项工作，大力推进村党组织书记通过法定程序担任村民委员会主任和集体经济组织、农民合作组织负责人，推行村"两委"班子成员交叉任职。提倡由非村民委员会成员的村党组织班子成员或党员担任村务监督委员会主任。村民委员会成员、村民代表中党员应当占一定比例。切实加大党组织组建力度，重点做好在农民合作社、农业企业、家庭农场中党组织建设工作，确保全面覆盖，有效覆盖。加强对农村各种组织的统一领导，建立以党组织为核心、村民自治和村务监督组织为基础、集体经济组织和农民合作组织为纽带、各种经济社会服务组织为补充的农村组织体系。加强农村基层党组织带头人队伍建设，实施村党组织带头人整体优化提升行动，加大从本村致富能手、外出务工经商人员、本乡本土大学毕业生、复员退伍军人中培养选拔力度，选优配强村党支部书记。加强农村党员队伍建设，加强农村党员教育、管理、监督，推进"两学一做"学习教育常态化、制度化，教育引导广大党员自觉用习近平新时代中国特色社会主义思想武装头脑。严格党的组织生活，全面落实"三会一课"、主题党日、谈心谈话、民主评议党员、党员联系农户等制度。

（二）完善自治组织体系

《中华人民共和国宪法》规定，村民委员会是基层群众性自治组织。要支持各类社会组织参与乡村治理，起到民主管理和民主监督的作用。加强农村群众性自治组织建设，大力发展规范的社会组织、经济组织和其他民间机构等乡村公共服务组织，使之有序地参加到乡村治理之中。要充分发挥村委会及其他村级组织的职能作用，明确村级各个组织的职责任务，切实理顺工作关系，团结协调、各司其职，建立健全一整套的以农村基层党组织为核心，村民会议、村民委员会、村务监督委员会、村民小组为主体的自治组织体系，不断推进村民自治工作的制度化、规范化、法治化。

（三）丰富村民自治形式

要充分发挥村级基层组织和村民的主体作用，创新村民议事形式，完善议事决策主体和程序，落实群众知情权和决策权，发挥村民监督的作用，让农民自己说事议事主事，做到村里的事，村民商量着办。要全面推行比如民情恳谈会、事务协调会、工作听证会、成效评议等等好的自治制度。由基层政府搭建一些平台，引导村民主动地去关心支持本村的发展，有序地参与到本村的建设和管理中来，增强村民的主人翁意识，提高农民主动参与村庄公共事务的积极性，增强基层群众性自治组织的凝聚力和战斗力。同时广泛动员乡村贤达人士，组建"乡贤能人参事会"

参与自治管理，充分发挥乡贤、能人的优势，为乡村自治管理注入新的力量。

（四）健全村民自治制度

村民自治的基本原则是自我管理、自我教育、自我服务，因此要建立健全以法律法规、政策制度、自治章程为主要内容的自治制度体系，依法保证村民自治制度的依法有序推进。健全村级议事协商制度，形成民事民议、民事民办、民事民管的多层次基层协商格局。推进"四民主、三公开"的制度建设，也就是以推进民主选举、民主决策、民主管理、民主监督和党务公开、村务公开、财务公开为主要内容的制度建设内容。实施党务、村务、财务"三公开"制度，实现公开经常化、制度化和规范化，通过透明化接受村民监督，这些是鼓励村民参与自治的重要保证。

第二节　提升乡村法治

法治是乡村治理的根本，是基层社会治理的硬实力，具有保障性的作用。法治有利于解决社会治理的法律依据和法治手段的问题，更好地运用法治的思维和法治方式来谋划思路，构筑底线、定分止争，营造办事依法、遇事找法、解决问题用法、化解矛盾靠法的良好氛围。

一、法治是"三治合一"乡村治理体系的保障

村民自治是法治基础上的自治，而德治需要与法治相辅相成，故"三治合一"乡村治理体系建设应以法治为保障底线。这里的"法"实质上是"良法"，能够体现村民的意志，被村民所推崇、敬畏。乡村治理体系建设方案必须要有法律依据，明确村民自治的法律边界，对村民及其自治组织的行为进行规范，防

止出现职权越权或缺位现象，及时有效地保障村民自治权限。当前，乡村利益格局日益复杂化，分化的利益阶层和群体的道德标准各不相同，在进一步完善村民自治时，需要以法治方式统筹各种力量、平衡各种利益，推进乡村政务信息公开，从而维护乡村社会稳定与发展。法治是一种公开透明的规则之治和程序之治，"程序合法和结果合法的统一体"。真正的法治，必须实现程序与结果合法的有机统一，因此，在推进乡村治理体系建设过程中，既要确认结果的合法，还应认真审视程序的合法，形成遇事找法、办事依法的法治型乡村秩序。

二、乡村法治建设现状不容乐观

法治既是国家治理体系和治理能力的重要依托，也是乡村治理的制度保障，法治所具有的公开性、明确性、平等性、强制性等特征，决定了它在乡村治理方面，具有其他方式不可比拟的优势。

当前，从经济社会发展规律和强化"三农"工作的客观要求看，我国农业农村已经进入了依法治理的新阶段，法治在发展现代农业、维护农村和谐稳定和保护农民权益方面的作用更加重要，也更加突出。但是，与健全乡村治理体系的客观要求相比，法治的作用尚未充分发挥。

（一）农村相关立法不完善

尽管农业农村工作总体上实现了有法可依，现在有 40 多部法律法规，还有一大批部门规章，实现了农业农村工作的有法可依。但是在个别领域，特别是一些新兴的领域，还存在着立法的空白，一些法律法规不适应形势发展，也亟待去修订、2019 年以来，中央出台了大量强农惠农的政策，以及全面深化农村改革的一些措施，都需要通过立法来巩固和完善。

（二）执法不严、司法不公问题依然存在

从法律的执行来看，受到执法力量、执法经费、执法装备，以及执法人员的政治素质、业务水平等主观和客观因素的制约，严格立法、选择性执法的问题，仍没有得到根本的解决。在一些地方，有时违法的不一定受到惩处，守法的还不一定得利，这些现象都损害了人民群众对于法治的信赖。当然，也有少数的执法和司法人员，徇私舞弊、贪赃枉法，不但没有解决矛盾，反而引起了更多的纠纷，败坏了党和国家机关的形象。

（三）乡村干部和群众法治意识淡薄

一些基层干部受到传统观念的影响，没有认识到法治重在规范约束公权力，而是错误地理解为是用法来治理老百姓，来惩罚不听话的农民，相应的也出现了一些现象，如不尊重农民的权利，乱作为，冷漠地对待农民群众的合法诉求，这些乱作为不作为的问题，在一些地方是客观存在的。还有一些农民群众信"访"不信法，信"闹"不信法，遇到问题不寻求合法的途径解决，不管诉求是否合理合法，都要求政府必须满足，这些要求严重影响了矛盾纠纷的依法有效化解。

面对上述问题，必须强化农村的法治建设，通过强化法治建设来为乡村治理提供坚强有力的制度保障。

三、强化农村法治建设的途径

法治是治国理政的基本方式，基层是依法治国的根基，法治社会最终的落脚也在基层，所以要善于运用法治的思维和方式来谋划思路，推进乡村治理。把依法治国的各项要求，落实到基层组织，让法治成为人民群众管用的法治，必须强化农村法治建设。

（一）加快完善农业农村立法

当前，要紧密结合农业农村改革发展的进程，围绕着保障国家粮食安全和农产品质量安全，健全农业支持保护体系，完善农村村民自治和基本经营制度，培育新型经营主体，推进农业农村绿色发展等方面，加快相关法律的制定和修订。同时，要加快建设公共的法律服务平台，广泛地运用互联网和一些其他的手段，来有效地开展法律的咨询，让基层群众享受到更便捷，更优质的法律服务。

（二）全面加强涉农执法和司法

推进法治乡村建设，规范农村基层行政执法程序，把各项涉农工作纳入法治化轨道。深入推进大农业领域，包括农林水利、海洋渔业等领域的综合执法改革向基层延伸，创新监管方式，推动执法队伍整合执法力量下沉，提高执法能力和水平。要健全执法监督体系，制定严格的执法程序，明确奖惩办法，将执法工作合理化、规范化，保证执法效果。同时，要全面提升行政执法人员的政治素质和业务水平，加大执法装备和执法经费的保障力度，健全部门间、区域间的执法协作机制，依法严厉惩处涉农违法犯罪行为。深化司法体制的综合配套改革，全面落实司法责任制，按照公开、公正、便民的原则，审理涉农的纠纷，以人民群众听得懂、能理解的方式来析理明法，努力让农民群众在每一个司法案件中，都能感受到公平正义。

（三）深化农村法制宣传教育

加强农村法治宣传教育，完善农村法治服务，引导干部群众遵法守法用法，依法表达诉求，解决纠纷，维护权益，增强基层干部法治观念、法治为民意识，做到依法行政，法无授权不可为，法定职责必须为。把政府各项涉农工作纳入法治化轨道，维护村民委员会、农村集体经济组织、农村合作经济组织的特别法人地位和权利。

同时，要落实国家机关谁执法谁普法的普法责任制，将普法融入农业农村管理、监督执法和公共服务的各个环节和全过程，坚持从人民群众关心的热点、焦点问题出发，从不同普法重点对象的个体需求出发，发挥"互联网+普法"的便捷作用，开展精准的普法，不断提高农村群众依法办事的意识，依法解决纠纷的意识，依法维护权益的意识。对广大人民群众用各种各样的方式开展普法宣传和教育，把普法宣传的内容融入农业农村工作的方方面面。

（四）构筑矛盾纠纷化解的底线

健全乡村矛盾纠纷调处化解机制，坚持以法律为准绳，善于运用法治思维和法治方式来处理社会矛盾纠纷，维护群众的合法权益，维护社会的公平正义，让人民群众充分认识法治是化解矛盾纠纷最有力的武器，是解决复杂问题最权威的方式，是依法定分止争的最根本的底线。健全矛盾纠纷多元化解机制，深入排查化解各类矛盾纠纷，做到小事不出村、大事不出乡（镇）。健全农村公共法律服务体系，加强对农民的法律援助、司法救助和公益法律服务。

在化解矛盾纠纷中，要始终把握法治的底线，在不违反法律的基本规定和基本精神的前提下，还要充分考虑道德伦理、公序良俗等因素，确保矛盾纠纷化解经得起法律的检验、历史的检验。同时，针对与农民群众利益相关的一些农村土地征用、土地确权、工程承包、婚姻家庭等一些复杂矛盾纠纷，鼓励律师进村、检察官进村、法官进村、民警进村，解决公共法律涉农服务存在的"最后一公里"的距离问题，直接为农民群众提供面对面的服务，通过专业说法、以案释法等途径，来引导村民依法表达诉求，依法维护自身合法权益。

（五）建设平安乡村

深入推进平安乡村建设，加快完善农村治安防控体系，依法

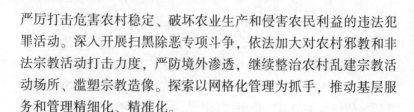

严厉打击危害农村稳定、破坏农业生产和侵害农民利益的违法犯罪活动。深入开展扫黑除恶专项斗争，依法加大对农村邪教和非法宗教活动打击力度，严防境外渗透，继续整治农村乱建宗教活动场所、滥塑宗教造像。探索以网格化管理为抓手，推动基层服务和管理精细化、精准化。

第三节　塑造乡村德治

德治为先。国无德不兴，人无德不立。德治是一个前提，德治是基层社会治理的软实力，具有先导性作用，加强德治建设，有利于解决既治心又治本的问题，强化道德的教化，提升城乡居民的道德素养，厚植基层社会治理的道德底蕴，促进社会和谐稳定，在乡村社会治理中具有不可替代的先导性和基础性作用。作为乡村治理的情感支柱，德治具有约束、教化和凝聚的作用，能够增强自治的有效性、弥补法治不足和感情空白，是建立乡村自治治理体系的关键。

一、德治是"三治合一"乡村治理体系的支撑

德治，即以德治国，是人类社会用道德控制和评价社会成员行为的一种手段。德治强调发挥传统熟人社会中的道德力量，主要通过榜样示范、道德礼仪、教化活动、制定乡规民约和宗族家法、舆论褒贬等形式实现。德治作为一种治国方略是由儒家提出的，其基本含义是行仁政，要求治国者注重道德教化。它追求的目标是建设一个具有完美道德风尚的社会。德治也是孔孟儒学大力提倡的政治主张，后来儒家把这种德治思想进行了发挥与弘扬，对传统政治影响巨大。"以德为主，以刑为辅"便是历代王朝政教奉行的一条基本原则。进入新时代，要传承弘扬农耕文明

的精华，塑造乡村德治秩序，培育弘扬社会主义核心价值观，形成新的社会道德标准，有效整合社会意识；注重树立宣传新乡贤的典型，用榜样的力量带动村民奋发向上，用美德的感召带动村民和睦相处；大力提倡推广移风易俗，营造风清气正的淳朴乡风。

德治作为一种以道德规范和乡规民约等手段进行的乡村治理方式，具有特殊的意义和价值。当前，我国村民自治逐步成熟，法治体系日趋完善，但仍存在着一些问题难以解决，需要以德治为基础，通过良好的道德规范引领农村社会风气的转变，推动乡村和谐发展，实现高质量的乡村振兴。

二、当前乡村德治面临的挑战

德治本应是乡村治理中的优势，在中国经济社会转型的今天，这一优势被明显削弱，农村"空心化""边缘化""老龄化"等问题日益凸显，伦理错位、封建迷信、攀比浪费等失德现象频出，乡村治理体系面临着挑战。

（一）乡村传统道德失范

我国历史上十分注重德治在国家治理中的作用，国外也很注重利用道德规范来塑造国民共同的价值观念，使社会治理达到事半功倍的效果。改革开放以来，伴随着经济社会建设的巨大成就，农民群众的总体道德水平有了很大提升，但是在某些领域、某些地方，也存在着因道德建设相对滞后而带来的乡村道德失范的问题。如家庭内部的道德失范问题，在家庭内部，有的农民不敬不孝，自己过着富裕的生活，而不赡养父母，有的为了争夺遗产，兄弟之间同室操戈；再如邻里之间的道德失范问题，邻里之间个别农民不是守望相助，而是因为一点土地或者债务的纠纷大打出手；再如社会领域的道德失范问题，在社会领域，一些农村

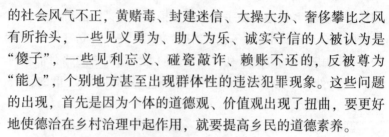

的社会风气不正，黄赌毒、封建迷信、大操大办、奢侈攀比之风有所抬头，一些见义勇为、助人为乐、诚实守信的人被认为是"傻子"，一些见利忘义、碰瓷敲诈、赖账不还的，反被尊为"能人"，个别地方甚至出现群体性的违法犯罪现象。这些问题的出现，首先是因为个体的道德观、价值观出现了扭曲，要更好地使德治在乡村治理中起作用，就要提高乡民的道德素养。

（二）乡村德治主体的空化

德治建设跟不上农村形势变化。市场经济时代，互联网、自媒体的兴起，不仅使得农村生产、农民生活发生了很大变化，也影响了德治作用的有效发挥。随着城镇化进程推进，大量乡村青年劳动力涌入城市，数千年形成的乡村文化根基逐渐改变。农田和村庄流转变迁，传统村落数量急剧减少，形成了大量"空心村"，留下了大量的"留守儿童""留守老人"，并衍生出一系列的社会问题，新一代农村居民大量转入城市，农村各类人才不断外流，导致乡村的德治建设的根基和载体摇摇欲坠。乡村德治载体的减少，乡村文化生态的急剧改变，使得乡村德治的推进面临困境。

（三）乡村德治约束力减弱

相比于法治，德治的本质是以道德规范、村规民约来实现对村民行为的约束，在实施手段和效力上很难与法治相比较。比如，对于一些奢靡攀比现象，德治只能起到引导作用，而风气的改变又是一个漫长反复的过程，若没有强制的约束机制以及科学的激励机制，很难有效改善不良风气。因此，对于很多农村问题，德治的约束力较弱，不能有效发挥作用。

因此，必须在深化自治、强化法治的同时实化德治，将抽象的道德原则转化为农民群众可理解、可操作、可评判的行为规范，以道德充实和滋养农民群众的心灵，以道德指导和规范农民群众的行为，最大限度地减少矛盾纠纷的产生，最大限度地增加乡村社会的和谐因素。

三、乡村德治实现的途径

推进乡村德治建设，必须加强乡村文化建设，在用社会主义核心价值观引领德治建设、挖掘利用优秀传统文化、重视村民主体地位、重视乡规民约建设等方面下功夫，适应新时代发展的要求，实现传统道德价值的现代性转化，才能实现乡村治理的善治。

（一）用社会主义核心价值观引领德治建设

当前我国乡村文化生态变得更加复杂，乡村居民思想价值观受到传统文化、现代城市文明等多种价值观混合影响，使得乡村居民的文化价值选择变得多元化。文化可以是多元的，但主流文化只能有一个，以社会主义核心价值观为核心的社会主义先进文化，才是我国的主流文化。从思想起源说，社会主义核心价值观是对中国优秀传统文化的继承，与我国传统的乡土文化具有内在的契合性。因此在推进乡村德治建设中，必须适应新时代发展的新要求，广泛开展社会主义核心价值观宣传教育活动，用社会主义核心价值观引领乡村德治建设。一方面，要正本清源，优化乡村文化生态，使乡村居民成为社会主义核心价值观的坚定信仰者，对村民进行思想文化教育，增强村民对乡村优秀文化的认同感、归属感和责任感，培育新时代村民"富强、民主、文明、和谐"的价值观，同时要提高村民对封建落后文化以及西方腐朽思想的辨别力。另一方面，要凝聚村民的共识，使得乡村居民成为社会主义核心价值观的积极传播者，将新时代乡村社会主义核心价值观内化于心、外化于行。积极培育乡村良好社会风气，打造文明乡村。德治建设是上层建筑一部分，在社会经济关系中产生，同时也受到经济基础的制约和影响。因此，在推进德治建设

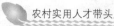

进程中，要满足广大农民在物质上逐渐富裕起来之后对更美好的精神文化生活的向往。

（二）挖掘利用农村优秀传统文化

在中国几千年的发展中，中华优秀传统文化发挥着深远影响。新时代乡村德治建设要大力传承和发扬优秀传统文化，深入挖掘中华民族传统文化的人文关怀，在对乡村优秀传统文化继承的基础上进行继承与创新，使得广大乡村居民欣然接受中华优秀传统文化，推动崇德尚法、诚实守信、乐于助人等良好乡村文化风俗的建设。从家庭角度讲，要继承和弘扬优秀的"孝文化"，尊敬长者，发扬家庭美德，并赋予时代精神，树立男女平等思想，尊重个人在家庭中的人格尊严和权利。从社会角度讲，重视团结友善，重塑传统助人为乐的思想。同时要严公德、守私德。让乡村居民成为优秀传统文化的模范践行者，要对村民进行民族精神教育、集体主义教育、社会公德教育、职业道德教育、家庭美德教育，形成相亲相爱、和睦友好的良好氛围。

以坚定的文化自信促进乡村德治建设，特别要树立好、宣传好乡村榜样来激发乡村居民规范自身道德。梁漱溟认为："世界未来的文化就是中国文化的复兴，有似希腊文化在近世复兴那样。"因此，乡村德治建设要深入挖掘和利用我国优秀传统文化，同时，应注意解决传统道德理念与现代道德理念的矛盾与冲突，要结合时代发展的要求进行创新性发展，让广大民众沐浴在优秀的乡风文明中，形成良好的社会风俗。如在广大乡村开展道德大课堂，寻找身边"最美的人""道德模范""家乡好儿媳好婆婆"等多种形式的活动，让乡风文明美起来、浓起来、淳起来。

（三）加强家庭美德建设

推动德治在乡村治理体系中的作用，就要发挥乡村居民的主体地位。推动乡村德治建设的主体是每一个乡村居民，并且乡村治理中的德治也是为了更好地为广大乡村居民服务。因此在乡村德治建设过程中，要强化乡村居民对乡村文化建设重要性的认知，鼓励乡村居民积极参与其中，积极培育新时代乡村的社会主义核心价值观，使乡村居民可以主动地去建设本村优秀的乡村文化。广泛引导乡村居民社会主义核心价值观教育。创新优秀乡村文化，自觉推动乡村德治建设，形成讲道德、尊道德、守道德的乡村风气。

开展乡村居民道德评议活动，选出最美乡村教师、最美医生、最美家庭。运用社会舆论和道德影响的号召力形成鲜明的舆论导向。积极引导村民学习先进人物典型事迹，发挥乡村居民主体地位，传播正能量，弘扬真善美，引领乡村德治建设，用乡村道德先锋树立新时代乡村风气。

注重家风的培育和营造，促进家庭幸福美满。孝敬老人、爱护亲人是中华民族的传统美德，家庭美德是调节家庭成员内部关系的行为规范，以孝老爱亲为核心加强家庭美德建设是新时代德治建设的内在要求。在乡村"空心化"日益严重的今天，要建立关爱空巢老人、留守妇女和留守儿童服务体系，帮助他们改善生活条件。要坚持正确的致富观念，勤劳致富；坚持正确的消费观，量入而出。

(四) 重塑乡贤文化

在我国乡村社会，乡贤文化是独具魅力的，对传承创新中华优秀传统文化特别是乡村文化，进而凝聚人心、弘扬正能量，起着非常关键的作用。他们不仅为乡村居民树立了道德规范，也是维护乡村道德秩序的带头人。近年来，随着现代化和城市化的发展，乡贤文化受到了冲击。面对新的历史使命，需要塑造新乡贤，推动形成适应时代发展需要的乡贤文化，壮大乡村精英队伍，为实施好乡村振兴战略提供智慧和力量。

当今乡贤文化重塑的目的有两个方面，它一方面是为了传承中华优秀传统文化，另一方面是为了解决乡村社会现代发展的难题，其中后者，是当今乡贤文化重塑需要承担的全新的历史使命。在当今时代，新乡贤是指具有较高的文化素养、较多的社会阅历与经验，或是具备其他优秀素质的乡村精英。他们的思想价值理念以及个人修养，对村民可以起到榜样的力量。可以发挥乡贤特有的功能为乡村振兴办公益活动，维护乡村秩序，传播优秀传统文化。因此，政府要激活乡村精英建设乡村机制，吸引本土精英和外来精英来共同推进乡村德治建设。运用他们的资金、知识和技术等力量来推动乡村高质量发展。加强对乡村精英的思想引导，培养乡村精英振兴乡村的责任感和使命感，发挥他们在乡风文明建设的模范表彰作用，用他们的成功经验指导实践，为乡村的振兴发展服务，带领乡村居民走向致富之路。

（五）重视村规民约的修订

面对传统的村规民约，应做到取其精华、去其糟粕，赋予村规民约以时代精神。一方面，要继承村规民约中优秀的道德价值，如爱国爱乡、勤劳勇敢、自强不息等传统美德，保护家谱族谱、民俗活动、传统仪式等文化遗产，发挥其价值引领和行为导向作用。另一方面，要积极改造村规民约那些过时落后的思想，使之贴近适应时代发展的要求，填补法律法规调节不到的空白领域。通过融入现代价值，实现村规民约向现代价值转变。加强村民对村规民约的认同感，通过观念内化、教育引导养成新的行为规范，发挥其道德教化的作用。同时要健全村规民约实施的保障机制，运用奖罚方式保障实施效力，积极引导村民，避免只喊口号、流于形式，切实发挥社会治理功能。在乡村德治建设中，要鼓励广大农民发挥主体性作用，赋予德治时代性，立足当地实际，挖掘本地特色，积极探索适合新时代乡村发展的独特模式。

第六章 乡村规划

第一节 乡村规划的意义和原则

乡村规划是指对乡村地区进行整体的规划、设计与布局，以实现乡村经济、社会、环境的综合发展目标。

一、乡村规划的意义

(一) 乡村规划是乡村发展的蓝图

乡村规划为乡村发展提供了明确的方向和目标。通过规划，可以确定乡村发展的重点领域、优先顺序和实施步骤。规划不仅包括基础设施建设、产业发展、生态环境保护等方面，还涉及社会服务、文化传承、居民生活质量改善等多个层面。规划的科学制定和合理布局，有助于乡村地区有序发展，避免无序建设和资源浪费。

(二) 乡村规划引导资源合理配置

乡村规划通过合理配置土地、资金、人力等资源，确保乡村发展的需求得到满足。规划可以帮助决策者识别乡村地区的优势和不足，从而制定出更加有针对性的发展策略。例如，规划可以指导将资源投入到最具潜力的产业或最需要改善的基础设施上，从而提高资源利用效率，促进乡村经济的持续健康发展。

(三) 乡村规划促进社会经济发展

良好的乡村规划能够促进乡村地区的经济多样化和产业升

级。通过规划，可以引导乡村发展特色农业、乡村旅游、绿色能源等新兴产业，增加乡村居民的收入来源，提高乡村地区的经济活力。同时，规划还可以帮助改善乡村的营商环境，吸引外部投资，促进乡村经济的全面发展。

（四）乡村规划保障生态环境可持续性

乡村规划强调生态环境保护和可持续发展，通过规划可以有效地保护乡村的自然资源和生态环境。规划中会包含生态保护区域的划定、绿色基础设施的建设、污染治理等措施，以确保乡村发展不会以牺牲环境为代价。这有助于实现乡村地区的长期可持续发展，保护生物多样性，维护生态平衡。

（五）乡村规划提升居民生活质量

乡村规划不仅关注经济发展，还关注居民的生活质量。规划中会包含教育、医疗、文化、体育等公共服务设施的建设和改善，以及住房条件、交通出行、公共安全等方面的提升。通过规划实施，乡村居民可以享受到更好的公共服务和更加舒适的生活环境，从而提高居民的幸福感和满意度。

（六）乡村规划加强社会治理

乡村规划还包括社会治理和社区建设的内容，通过规划可以加强乡村的社会治理体系和治理能力。规划中会涉及乡村治理结构的优化、村民自治机制的建立、法律法规的宣传教育等方面，有助于提高乡村地区的社会管理水平，维护社会稳定和谐。

总之，乡村规划是乡村发展的先导和基础，它为乡村发展提供了科学指导和系统布局。通过有效的规划实施，可以促进乡村地区的经济、社会、环境等多方面的协调发展，实现乡村振兴的目标。

二、乡村规划的原则

在进行乡村规划时，必须遵循一系列原则，以确保规划的科学性、合理性和可行性。

（一）整体性原则

乡村是一个复杂的系统，包括自然、经济、社会等多个方面。因此，乡村规划必须从整体出发，综合考虑各个方面的因素，确保各个方面的协调发展。整体性原则要求规划者具有全局观念，不仅要考虑当前的发展需要，还要考虑未来的发展趋势，以及乡村与周边环境的关系。

（二）可持续性原则

可持续性原则是乡村规划的核心原则之一。它要求在规划过程中，必须注重生态环境的保护，合理利用资源，确保乡村的可持续发展。具体来说，规划者需要充分考虑乡村的自然环境和生态承载能力，避免过度开发和资源浪费。同时，要积极推广生态农业和绿色生产方式，促进乡村经济的良性循环。

（三）以人为本原则

乡村规划的最终目的是提高农民的生活质量和幸福感。因此，规划过程中必须始终坚持以人为本的原则，充分考虑农民的需求和利益。规划者需要深入了解农民的生活习惯、生产方式和需求特点，以此为基础进行规划设计和决策。同时，要积极引导农民参与规划过程，听取他们的意见和建议，确保规划符合农民的意愿和利益。

（四）因地制宜原则

每个乡村都有其独特的历史、文化和自然环境特点。因此，在进行乡村规划时，必须遵循因地制宜的原则，根据乡村的实际情况进行规划设计。规划者需要深入了解乡村的自然环境、社会经济状况和历史文化背景等因素，以此为基础制定切实可行的规划方案。同时，要注重保护和传承乡村的历史文化和传统风貌，避免"千村一面"的现象出现。

（五）科学性原则

科学性原则是乡村规划的基本要求之一。它要求规划者必须具备科学的态度和方法，进行深入的调查研究和分析论证，确保规划的科学性和合理性。具体来说，规划者需要运用现代科技手段和方法进行数据采集和分析处理工作，提高规划的精度和可靠性。同时，要注重创新和实践相结合的方法论原则在实践中不断总结经验教训并加以改进完善乡村规划方案。

（六）公开透明与公众参与原则

乡村规划的制定和实施过程中必须坚持公开透明和公众参与的原则。这意味着规划的过程和结果应该向公众公开，并接受公众的监督和建议。公众参与不仅可以增加规划的透明度，还可以提高规划的科学性和可行性。通过广泛征求公众的意见和建议，可以及时发现并纠正规划中存在的问题和不足之处。

（七）灵活性与可调整性原则

由于乡村发展是一个动态的过程，因此乡村规划也需要具有一定的灵活性和可调整性。规划者需要考虑到未来可能出现的变化和挑战，制定灵活的规划策略以应对不同的情况。同时，在实施过程中要根据实际情况及时调整规划方案以确保其与实际需求相符合。

综上所述，乡村规划的原则是多方面的综合考虑结果，包括整体性、可持续性、以人为本、因地制宜、科学性以及公开透明与公众参与等原则。这些原则共同构成了乡村规划的基本框架和指导思想，为乡村的可持续发展提供了重要保障。在实际操作中，应根据具体情况灵活运用这些原则，制定出符合当地实际的乡村规划方案，推动乡村经济的持续健康发展和社会全面进步。

第二节 乡村规划的基本内容

一、村庄发展定位目标

要按照乡村振兴总体规划中确定的村庄类型和相关上位规划如乡镇国土空间规划、村庄群规划的要求，结合村庄自身的发展现状、资源禀赋和未来发展预期，明确村庄的发展定位，进而研究制定村庄发展目标、国土空间开发保护目标和人居环境整治目标，同时根据发展目标制定可度量、可细化、可考核的规划指标体系。具体地，规划指标体系包括总量指标和人均指标。其中，总量指标有永久基本农田面积、生态保护红线面积、建设用地面积、耕地保有量、林地保有量等，人均指标有人均建设用地面积、户均宅基地面积、人均公共服务设施面积、人均绿地面积等。各个村庄在具体规划时，可以根据自身特点、村民自治管理权限、规划诉求以及相关政策要求，灵活选择并构建规划指标体系。

二、村庄国土空间布局

要从开发和保护两大方面出发，对村域范围内的国土空间进行规划布局，确定各类用地的规划用途，明确各类用地的国土空间用途管制规则，形成村庄国土空间规划布局的最终成果。

（一）村庄开发空间

要从村庄国土空间开发的角度出发，合理安排农村住房、产业发展、各级各类公共设施等开发类的建设空间，划定各类建设用地的用地范围。具体地，村庄建设用地主要包括农村居民点用地、农村产业用地、农业设施建设用地、其他建设用地等4类。

其中，农村居民点用地包括农村宅基地、农村社区服务设施用地、农村公共管理与公共服务用地、农村绿地和开敞空间用地等类型。农村产业用地主要指农村集体经营性建设用地，用于保障农产品生产、加工、营销、乡村旅游配套等产业发展的建设用地，具体包括农村商业服务业用地和农村生产仓储用地两种类型。农业设施用地是满足农业生产需求的建设用地，包括种植设施建设用地、畜禽养殖设施建设用地和水产养殖设施建设用地。其他建设用地主要有农村工矿用地、交通设施用地、农村公用设施用地、特殊用地以及村庄留白用地（空间位置确定但尚未确定用途的建设用地）。

（二）村庄保护空间

要从村庄国土空间保护的角度出发，根据上位国土空间规划要求，统筹落实永久基本农田、生态保护红线两大刚性控制线，将其中的用地作为禁止或限制开发的保护空间。在此基础上，再将永久基本农田储备区、粮食生产功能区、重要农产品生产保护区、历史文化保护区等需要保护的空间进行明确和划定，由此形成系统的村庄保护空间。在用地类型上，保护空间主要有生态用地和农用地，前者主要包括林地、湿地、陆地水域，后者主要包括耕地和园地。

上述村庄国土空间布局的成果可以归纳为"一图一表"。"一图"即村庄国土空间规划布局图，呈现了各类规划用地的空间位置和范围；"一表"即村庄国土空间结构调整表，呈现了各类规划用地的面积规模和占比。"一图一表"相互结合，共同呈现了村庄国土空间规划布局的成果。

三、村庄国土空间综合整治与生态修复

要落实上位国土空间规划提出的综合整治与生态修复的任务

要求和项目安排，明确村域范围内需要进行国土综合整治和生态修复的空间范围，将综合整治和生态修复的任务、指标和布局落实到具体地块，明确相应的整治修复工程及其布局。

（一）综合整治

国土空间综合整治主要包括农用地整治和建设用地整治。农用地整治要明确各类农用地整治的类型、范围、新增耕地面积和新增高标准农田面积，具体包括耕地"非粮化"整治、耕地质量提升、整治补充耕地、建设用地复垦等内容。建设用地整治重点要整理清退违法违章建筑、低效闲置的农村建设用地和零散工业用地，提出规划期内保留、扩建、改建、新建或拆除等整治方式。

（二）生态修复

在国土空间的生态修复上，要按照"慎砍树、禁挖山、不填塘"的生态理念要求，厘清存在生态问题并需要生态修复的空间如矿山、森林、河湖湿地等的范围界线，提出生态修复的目标、方式、标准和具体任务。要尽可能保护和修复村庄原有的生态要素和实体，梳理优化好村庄基于山水林田湖草的生态格局，并通过生态修复来系统保护好村庄的自然风光和乡土田园景观。

四、乡村住宅规划

乡村住宅规划是乡村规划的重要内容，既能促进村庄用地规划和功能空间设计、集约合理用地，盘活集体建设用地，又能改善村民的人居环境，实现可持续发展。

（一）村庄分类规划

目前我国村庄的类型主要有如下 5 类。

1. 集聚提升型村庄

这类村庄人口基数大，经济发展态势好，地理位置好，产业

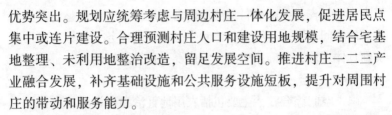

优势突出。规划应统筹考虑与周边村庄一体化发展，促进居民点集中或连片建设。合理预测村庄人口和建设用地规模，结合宅基地整理、未利用地整治改造，留足发展空间。推进村庄一二三产业融合发展，补齐基础设施和公共服务设施短板，提升对周围村庄的带动和服务能力。

2. 城郊融合型村庄

这类村庄是指城市周边出现的城郊村。承接城镇外溢功能，居住建筑已经或即将呈现城市聚落形态，村庄能够共享使用城镇基础设施，具备向城镇地区转型的潜力条件。城郊融合型村庄应综合考虑工业化、城镇化和村庄自身发展需要，加快城乡产业融合发展、基础设施互联互通、公共服务共建共享，逐步强化服务城市发展、承接城市功能外溢的作用。

3. 特色保护类村庄

这类村庄以名胜古迹或者有特色文化的村落为主，这种类型的村庄最后都会发展成为旅游景点。此类村庄规划应统筹保护、利用与发展的关系，保持村庄传统格局的完整性、历史建筑的真实性和居民生活的延续性，提出特色保护和建设管控要求，对村庄未来发展提出具体措施。

4. 撤并搬迁型村庄

由于人口结构的变化，逐渐成为空心村，或者该地区的居住环境差，为了更好地改善他们的生活，国家对这些村庄实行了撤并搬迁政策，包括因重大项目需要搬迁的村庄，生态环境恶劣、自然灾害频发的村庄，等等。搬迁撤并类村庄不单独编制村庄规划，纳入集聚提升类村庄规划或上位国土空间总体规划统筹编制。确实近期不能搬迁撤并的村庄可根据实际发展需要，应坚持建设用地减量原则，与"空心村"治理相结合，编制近期村庄建设整治方案作为建设和管控指引，突出村庄人居环境整治内容，严格限制新建、扩建永久性建筑。

5. 保留改善类村庄

保留改善类村庄是指除上述类别以外的其他村庄。人口规模相对较小、配套设施一般，需要依托附近集聚提升类村庄共同发展。此类村庄编制村庄规划，按照村庄实际需要，坚持节约集约用地原则，统筹安排村庄危房改造、人居环境整治、基础设施、公共服务设施、土地整治、生态保护与修复等各项建设。

根据以上村庄分类，再参照当地的国土空间规划、省、市村庄规划编制指导及当地农村住宅设计标准和村庄实际生产、生活现状，及未来发展方向进行规划和设计。

（二）乡村住宅布局

1. 住宅用地布局

住宅用地布局指宅基地的组织形式、密度、大小、分布和风貌特点等综合反映的形态表现，与社会生产力发展水平、生产形式有关。按照上位规划确定的农村居民点布局、建设用地管控要求，根据宅基地选址条件、户均宅基地面积标准等，合理确定宅基地规模，划定宅基地建设范围。

2. 住宅选址

住宅选址要求地基牢固，避开古河道、填埋坑塘、采矿区、地下空洞区，远离工业扬尘及对人体有害生物和化学物质等污染源，远离地质滑坡、泥石流、地质塌陷、不稳定边坡、尾矿库等地质灾害区，避开季节性洪水和大雨漫淹区。不宜选在风口、冬风直刮地带及养殖场下风区，要选在"藏风聚气"、干燥适宜、交通方便之地。宅基地选址还要充分利用水要素，为美丽乡村建设服务。此外，确定为集聚提升类的村庄要为居民点发展留有余地。

3. 住宅布局形式

住宅用地布局规划应先根据区域发展现状、区位条件、资源禀赋等，根据村庄不同类型（集聚提升类村庄、城郊融合类村庄、特色保护类村庄和搬迁撤并类村庄等），进行宅基地安排，形成宅基地用地布局规划。用地布局形式主要有以下几种：按规划发展的集团结构式、因工业发展形成的集中连片式、沿水或沿路条带式、跳跃串珠式、丘陵及山地等逐田而居的散列式用地布局。

（三）乡村住宅设计

1. 尊重原有风貌，合理设计空间功能

在尊重村民意愿的前提下，充分考虑当地村民生活习惯和建筑文化特色，对传统农村住房提出功能完善、风貌整治、再利用、安全改造等措施，并对新建住房提出层数、风貌等规划管控要求"。村民住宅院落应布局合理、使用安全、交通顺畅，充分考虑停车空间、生产工具及粮食存放要求，形成绿化美化、整洁舒适的院落空间。

2. 体现区域特色，保留乡土气息

充分考虑户均人口规模、生产生活习俗、现代功能需要，设计3~5种有代表性的住宅户型，供村民选择。对于具有传统风貌、历史文化保护特色的住房，应按相关规定进行保护和修缮。各地也可根据当地历史文化和地域特色制定地方建房风貌指引。不符合当地风貌要求的住房，宜适当进行改造。住房建设的风貌与地域气候、资源条件、民族风尚、文化价值、审美理念有关。不同地区房屋的朝向、式样等与当地气候密切相关，如多雪地区以尖状屋顶式样为主，多雨地区以快速排水式样为主，多雷地区必有避雷设备，多台风房屋结构相对牢固，多地震区房屋设计有明确要求。林区选用木材建设房屋及附属设施并形成地方特色，石材丰富地区采用石材构筑房屋及附属设施形成独特景观，经济相对贫困地区采用泥土与纤维植物构筑房屋及附属设施，形成特色风貌等。

3. 绿色建筑，节能、低碳、环保

绿色建筑，是指在建筑的全生命周期内，最大限度地节约资源（节能、节地、节水、节材），保护环境和减少污染，为人们提供健康、适用、高效的使用空间和与自然和谐共生的建筑。加强住宅建筑的节能减排，尽量减少住宅建造与使用过程中二氧化碳的排放，是乡村地区住宅合理节能减排的关键。大力推行绿色建筑规划设计，研究选择不同地区气候条件的绿色建筑规划设计标准，以绿色建筑替代传统建筑，通过设计的合理性来延长使用寿命。注重节能材料的使用，实现生态节能设计。在建筑材料中大力推广节能环保建筑型材，如空心砖、纳米控透玻璃等；在一些条件合适的乡村地区使用乡土保温材料来达到保温隔热的效果，如农作物纤维块、草泥黏土等建筑材料，具有施工简单、价格低廉、坚实耐用等优点，通过节能建筑材料的使用来达到农村住宅的低碳化发展。

五、乡村道路规划

在编制乡村道路规划时，应根据乡村地区的现状地形地势条件，采用综合交通模式进行科学合理的道路交通系统规划。道路交通规划要求体系健全、层次清楚、密度合理、安全实用以及附属设施齐全，不同类型、不同等级、不同用途道路有机衔接。

（一）乡村道路规划系统性

乡村道路应以现有道路为基础，顺应现有村庄格局，保留原始形态走向，道路结构、形态、宽度等自然合理。打通断头路，增强对外交通联系。同时完善村庄内部道路系统，合理布局村内外道路网，主次分明，打造便捷的交通路网。

1. 村庄主干路

一般与村庄出入口直接相连，承接村庄主要通行和对外联系

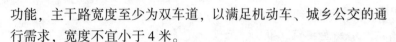

功能，主干路宽度至少为双车道，以满足机动车、城乡公交的通行需求，宽度不宜小于 4 米。

2. 村庄次干路

次干路连接村庄主路，辅助主路串联整个村庄，规划宽度不宜小于 2.5 米。

3. 宅间路

规划宽度不宜小于 2.5 米。

4. 通村路

除国道、省道、县道、乡道等公路外，串联各村的主要道路，根据交通量合理规划通村道路宽度，规划宽度不宜小于 3 米，宽度为单车道时，应设立错车道。

5. 田间路

田间路主要满足农业耕作需要，具体宽度根据地方农业生产需求而定。

村庄道路出入口数量不宜少于 2 个，有条件的村庄应合理利用乡村零散空地，规划公共停车位，以满足未来发展需求。

（二）乡村道路竖向规划

乡村道路标高宜低于两侧建筑场地标高。路基路面排水应充分利用地形和天然水系及现有的农田水利排灌系统。平原地区乡村道路宜依靠路侧边沟排水，山区乡村道路可利用道路纵坡自然排水。各种排水设施的尺寸和形式应根据实际情况选择确定。

村庄道路纵坡度应控制在 0.3%~3.5%，山区特殊路段纵坡度大于 3.5%时，宜采取相应的防滑措施。村庄与村庄相连道路纵坡应控制在 0.3%~6%，山区道路不应超过 8%。

乡村道路横坡宜采用双面坡形式，宽度小于 3 米的窄路面可以采用单面坡。坡度应控制在 1%~3%，纵坡度大时取低值，纵坡度小时取高值。干旱地区乡村取低值，多雨地区乡村取高值；

严寒积雪地区乡村取低值。

（三）乡村道路景观规划

乡村道路绿化布置考虑采用地方特色树种作为道路绿化行道树，乔、灌、草相结合，形成具有当地特色的道路景观，行道树按照距路面 1 米种植，树坑规格 800 毫米×800 毫米，间隔 5 米左右种 1 棵，个别地区局部地段可协调。

（四）乡村道路安全设施

在乡村道路规划中，应结合路面情况完善各类交通设施，包括交通标志、交通标线及安全防护设施等。

公路穿越村庄时，入口处应设置标志，道路两侧应设置宅路分离挡墙护栏等防护设施；当公路临近并且未穿越乡村时，可在乡村入口处设置限载、限高标志和限高设施，限制大型机动车通行。

农村道路路侧有临水临崖、高边坡、高挡墙等路段，应加设波形护栏或钢筋混凝土护栏等；急弯、陡坡及事故多发路段，加设警告、视线诱导标志和路面标线；视距不良的回头弯、急弯等危险路段，加设凸面反光镜；在长下坡危险路段和支路口，加设减速设施；在学校、医院等人群集散地路段，加设警告、禁令标志以及减速设施；对路基宽 3.5 米的受限路段，重点强化安保设施设置。

农村道路与公路相交时，应在公路设置减速让行、停车让行等交通标志。

农村道路建筑限界内严禁堆放杂物、垃圾，并应拆除各类违章建筑。

可在乡村主要道路上设置交通照明设施，为机动车、非机动车及行人出行提供便利。

六、乡村景观设计

乡村景观是不同于城市景观和自然景观的一种独特的景观，是在整个乡村的地域范围内形成的镶嵌体。乡村景观设计的目的是为乡村人民营造健康、舒适的生活环境，跟随时代潮流，实现乡村建设的可持续发展战略。不仅要对乡村土地进行合理的安排、规划、设计和利用，还要运用多方面的知识，比如景观学、地理学、经济学、社会学、建筑学等知识，为乡村景观设计提供强大的知识基础支持。

（一）生产区域景观

生产景观是对农田进行合理布局，也就是在现有的农田布局基础上，依据农田不同的生产、资源及生态条件，不破坏原有的区域生态环境及人文特色，对各项资源进行规整，对农田景观进行合理化布局，以确保农田景观的观赏性与生产性相结合。

也可以在农田内布置美观的、小型的装饰物，铺设生态环保的农田小路供人们进行观赏，使人们走进农田环境，对农田景观有一个不同的、新鲜的体验。

开发小型的农产品展览区。将可销售的农产品摆放在展览区进行展览，并设置农产品制作体验区，使人们对农产品有更加深入的了解，并可依据个人意愿进行购买。一方面提升了人们的观赏体验感；另一方面也增加了农产品的销售量，从而有效促进乡村农业的生产发展。

可搭建小型餐厅，主要提供一些由有机农作物制作而成的食品，以供来访人员或者游客进行品尝和购买，构建特色农产品产业链。

（二）住宅区域景观

乡村村民住宅一般以院落形式为主，除了对村屋的外立面的改造以外，房前和屋后的改造也是提升景观效果的一个重要方面。

在院落内种植生产性的果树，突出四季特色。栽培蔬菜景观如藤蔓类蔬菜丝瓜、黄瓜等，在院落内合理的布置设施景观如水井、石碾、石磨、筒车、辘轳、耕具等。

（三）集会区域景观

可以增设村民活动广场、大戏台等供人们休憩、集会、交流，如村庄历史文化墙、传统文化宣传走廊、现代农业发展展示橱窗。

（四）交通区域景观

在保证行车行人的安全情况下，重点打造道路两旁的景观氛围，以营造植物意境为主。

通过布置道路两旁植物姿态、色彩的变化达到不同的视觉效果。在街道两侧过渡地带种植蔬菜或者果树，春天开花、秋天结果，使村落的街道景观更加具有田园风光。

（五）景观节点设计

1. 村标设计

村标设计一般位于村庄主入口，如果有需要也可以在村尾设置村标进行前后呼应。

设计要点：村标的形式主要有牌坊、精神堡垒、大型标示牌、立柱等。村标必须与当地的特色和文化相结合。注意村标的整体体量和建设材料的选择、色彩的搭配等。

2. 建筑外立面改造

设计要点：建筑外立面改造是基于建筑原有结构的前提之下，增添极具地域特色和乡村文化的装饰元素，从材料和元素着手，本着尊重场地文化的原则进行建筑外立面的"轻改造"。

3. 文化节点打造

文化节点打造是指村民活动广场、大戏台等一系列公共场所的景观打造，除了要突显当地特色以外，还兼备宣传教育、对村民普及当地文化和倡导文化传承的功能。

设计要点：合理布置休憩设施、宣传栏、健身器械、文化雕塑小品等，景观要素要符合当地文化，以突显地域特色为主。

4. 乡村景观植物设计

乡村景观的植物设计与城市中的植物配置有很大的区别，它并没有专业的人员进行长期维护。

设计要点：选择不用长期打理、能自由生长的乡土树种，打造乡村原有的乡野植物景观。草花类选择多年生草本，切记不要选择一二年生的时令花。

5. 配套设施及雕塑小品设计

配套设施包括休息廊、休息坐凳、宣传栏、灯具等。雕塑小品可以是水井、石碾、石磨、简车、辘轳、耕具等，也可以是彰显当地文化特色的雕塑。

设计要点：布局需合理，风格与当地特色相统一，体量要适中，材料选择要体现乡土文化和生态文化。

七、乡村公共设施规划

（一）公共服务设施

公共服务设施主要包括管理、教育、文化、体育、卫生、养老、商业、物流配送、集贸市场等各类设施。公共服务设施布局要根据村庄的人口规模、服务半径和村庄类型进行综合确定，重点配置村委会、文化室、健身广场、卫生室、快递点、农贸市场、养老院、中小学、幼儿园等基本的公共服务设施。首先，要优先布局村庄现状缺少或配置不达标的公共服务设施。其次，要确定公共服务设施配置内容和建设要求，明确各类设施的规模、布局和标准等。最后，对于暂时无法确定空间位置，同时又没有独立占地需求的公共服务设施，可以优先利用闲置的既有建筑进行改造利用。

（二）农田水利设施规划

农田水利设施规划要确定农田区域的水源、输配水、排水、沟渠体系建设以及配套的建构筑物的布局、规模和标准。在供水、排水、电力、电信、环境卫生、能源等基础设施规划布局上，要根据村庄人口规模合理确定布局、标准和规模，做好用地预留和衔接，确保各类基础设施能够落地建设。

（三）村庄安全防灾设施规划

在村庄安全防灾设施规划上，要综合考虑地质灾害、洪涝等隐患，划定灾害影响范围和安全防护范围。要根据相关标准要求，合理确定防洪排涝、地质灾害防治、抗震、防火、卫生防疫等防灾减灾工程、设施和应急避难场所的布局、规模和标准，为村庄安全奠定坚实基础。

八、乡村规划的其他内容

（一）村庄历史文化保护

村庄历史文化是村庄的文脉所在，是"乡愁"的主要承载空间。对于具有历史文化资源和要素的村庄，特别是特色保护类的村庄，要把历史文化保护纳入村庄规划编制。要深入挖掘村庄的历史文化资源、要素和实体，包括各种自然和人文遗迹。要提出村庄历史文化保护的原则、目标、名录、修复修缮方案和活化利用策略。进一步，在必要时可以划定村庄历史文化保护控制线，将其和村庄永久基本农田、村庄生态保护红线、村庄建设用地边界一起构成村庄的国土空间控制线体系。

（二）村庄产业发展

对于集聚提升型、城郊融合型的村庄，当其具有一定基础和规模的特色产业时，就有必要把村庄产业发展纳入村庄规划编制。要提出规划期内村庄产业发展的目标、空间布局和主导方向，重点安排好产业用地的空间范围和规模，明确产业用地的用途、强度等要求，确保村庄产业发展获得充足空间，为乡村产业振兴提供空间支撑。

（三）村庄人居环境整治和风貌指引

要根据村庄的现状人居环境特点和村容村貌风格，按照经济适用、维护方便的基本原则，提出村庄人居环境整治和风貌指引的内容、要求、措施和具体建设项目。具体地，可以重点从村庄公共空间布局、村庄绿化、村庄建筑风格、景观小品等方面展开，提出村庄人居环境整治和风貌指引的规划设计方案和具体要求。

第三节　乡村规划的实施管理

乡村规划成果经审批公布后，应严格按照规划实施，并加强实施过程中的监督和管理。乡村规划的实施管理主要包括规划监督实施和规划动态调整两个具体管理工作。

一、监督实施

县（区）政府要做好乡村规划实施的总体领导工作，应定期开展乡村规划实施监督检查，并将检查结果纳入部门和乡镇的年度考核，充分彰显乡村规划的严肃性。自然资源和规划部门要做好乡村规划的技术指导、监督检查工作，要会同乡镇政府联合执法，及时协调解决乡村规划实施过程中出现的问题，及时纠正制止和依法查处农村违法违规建设行为，确保乡村规划顺利实施。乡镇政府则要具体做好乡村规划的实施工作，全面提高规划建设管理队伍的管理能力和水平。村两委作为最直接的规划实施主体应加强规划宣传，要做好乡村规划管制规则的普及宣教工作，严格执行好"一户一宅"政策和宅基地用地标准，提高村民依法依规建设的意识和能力，确保村庄各项建设活动顺利依法依规进行。

要全面落实"先规划、后许可、再建设"的基本原则，严格按照乡村规划进行规划许可审批，强化乡村规划实施的权威性。要依法依规核发乡村建设规划许可证，确保村庄新建项目的许可证核发率达到全覆盖。要严格按照乡村规划进行项目审批，包括生态修复和全域土地综合整治项目、农房建设项目、交通设施建设项目、基础设施建设项目、公共服务设施建设项目、产业发展项目等。

要严禁未批先建、违法乱建和私搭乱建行为，坚决查处各种违法建设活动，全面规范村庄的各项建设行为和秩序。具体地，乡村规划中要禁止布局和建设的项目包括：乱占耕地建房（要严格落实自然资源部、农业农村部《关于农村乱占耕地建房"八不准"的通知》相关规定）；利用农村宅基地建设的别墅和会馆、商品住宅；其他违背相关法律法规的建设项目。

二、动态调整

原则上乡村规划一经审批实施，不得随意修改或调整。但由于各种外部和内部原因导致乡村规划必须修改或调整的，要依法依规按程序进行修改或调整。

（一）动态调整条件

当下列情形的一个或多个发生时，乡村规划可进行动态调整，具体包括：行政区划调整，导致村庄范围发生变化；国家、省、市、县批准的重大建设项目和工程涉及乡村规划；上位国土

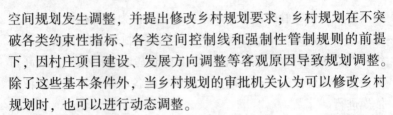

空间规划发生调整，并提出修改乡村规划要求；乡村规划在不突破各类约束性指标、各类空间控制线和强制性管制规则的前提下，因村庄项目建设、发展方向调整等客观原因导致规划调整。除了这些基本条件外，当乡村规划的审批机关认为可以修改乡村规划时，也可以进行动态调整。

（二）动态调整程序

当行政区划调整、上级政府批准的重大项目、上位国土空间规划调整时，乡村规划应进行及时修编（改）。此时，应按照乡村规划编制审批管理的程序进行，并按原程序上报县级政府审批。当不突破各类约束性指标、各类空间控制线和强制性管制规则而调整乡村规划时，可以采用局部调整程序，即乡村规划局部调整后报县级自然资源和规划部门审批。

第七章　乡村创业指导

第一节　乡村创业的政策支持与激励机制

乡村创业的政策支持与激励机制是推动农村经济发展、实现乡村振兴的重要手段。政府通过一系列政策措施，旨在激发农民和社会各界人士的创业热情，促进农业现代化和农村产业多元化。

一、乡村创业的政策支持

（一）财政补贴与税收优惠

政府通过提供财政补贴和税收减免来降低乡村创业的初始成本和运营压力。例如，对于首次创业、正常经营一年以上的农村创新创业带头人，政府按规定给予一次性创业补贴。此外，政府还实施税收优惠政策，减轻创业者的税收负担，鼓励更多的农民和社会各界人士投身乡村创业。

（二）金融支持

为了解决乡村创业融资难的问题，政府推出了一系列金融支持政策。包括创新信贷政策、开发返乡创业金融产品、扩大直接融资渠道等举措。国家发展改革委会同国家开发银行、农业发展银行搭建"政银企"合作平台，设立返乡创业专项贷款，扩大返乡创业金融供给。

（三）用地保障

政府通过保障返乡创业用地，降低创业者的用地成本，如部分试点地区通过扩大增量、盘活存量、创新供应方式，有效满足了返乡创业用地需求。政府还鼓励利用农村闲置宅基地、农业生产与村庄建设复合用地等，为乡村新产业新业态提供用地支持。

（四）平台建设与服务优化

政府支持建设农村创新创业园区和孵化实训基地，为乡村创业者提供必要的基础设施和服务支持。同时，政府在门户网站设立农村创新创业网页专栏，提供一站式服务，包括项目选择、技术支持、政策咨询等，以优化创业服务环境。

二、乡村创业的激励机制

（一）人才培养与引进

政府实施乡村振兴人才支持计划，引导教育、卫生、科技、文化等领域人才到基层一线服务。同时，政府鼓励社会人才投身乡村建设，建立健全激励机制，如融资贷款、配套设施建设补助、税费减免等扶持政策。

（二）社会保障与落户便利

政府为符合条件的农村创新创业带头人及其家属提供社会保障，包括全面放开城镇落户限制，纳入城镇住房保障范围。这些措施旨在解决创业者的后顾之忧，使他们能够全身心投入到乡村创业中。

（三）创新创业激励政策

政府通过奖励、补贴、税收优惠等政策工具支持"双创"活动，建立创新创业激励政策，鼓励农民和社会各界人士积极参与乡村创业。

（四）文化与精神激励

政府弘扬乡村企业家精神，对扎根乡村、服务农业、带动农民、贡献突出的优秀乡村企业家给予表彰，激发崇尚创新、勇于创业的热情。

第二节 创业项目的策划与实施

一、农村创业项目的选择

如何正确地选择创业项目，是每个创业者都要思考的问题。拥有合适的创业项目是创业成功最重要的基础。每一位创业者都要对创业项目的选择抱以极其谨慎的态度，要按照自身技能、经验、资金实力等实际情况，对各类项目加以甄选。

（一）规模种植项目

随着我国现代农业的快速发展，家庭联产承包经营与农村生产力发展水平不相适应的矛盾日益突出，农户超小规模经营与现代农业集约化生产之间的不相适应越来越明显。我国农户土地规模小，农民经营分散、组织化程度低、抵御自然和市场风险的能力较弱，很难设想，在以一家一户为主的小农经济的基础上，能建立起现代化的农业，并实现较高的劳动生产率和商品率。规模种植业便于集中有限的财力、人力、技术、设备，形成规模优势，提高综合竞争力。因此，打破田埂的束缚，让一家一户的小块土地通过有效流转连成一片，实施机械化耕作，进行规模化生产，既是必要的也是可能的。这也成为农业创业的重要选择项目。

适合规模种植业创业的条件：一是有从事规模种植业的大面积土地，土地条件要便于规模化生产和机械化耕作；二是有大宗农副产品的销售市场；三是当地农民有某种作物的传统种植经验。

（二）规模养殖项目

国家在畜牧业发展方面重点支持建设生猪、奶牛规模养殖场（小区），开展标准化创建活动，推进畜禽养殖加工一体化。标准化规模养殖是今后一个时期的重点发展方向。也就是说，规模养殖业已经成为养殖业创业类型中的必然选择。近几年不断出现的畜禽产品质量安全问题，促使国家更加重视规模养殖业的发展。只有规模养殖业才能从饲料、生产、加工、销售等环节控制畜禽产品的质量，国家积极推进建立的各类畜禽产品质量安全追溯体系适合于规模养殖业。在这样的政策背景下，选择规模养殖业创业项目不失为一个明智的选择。规模养殖业是技术水平要求较高的行业，如果选择规模养殖业为创业项目，一定要注意认真学习养殖和防疫技术，切不可想当然、靠直觉，要多听专家的意见，或者聘请懂技术的专业人员。

适合规模养殖业创业的条件：一是当地的气候、水文等自然条件要适宜，周围不能有工业或农业污染，交通要便利，地势较高；二是发展规模养殖所用土地要能够正常流转；三是畜禽产生的粪污要有科学合理的处理渠道；四是繁育孵化、喂饲、饮水、清粪、防疫、环境控制等设施设备要齐备。

（三）设施农业项目

设施农业是指在不适宜生物生长发育的环境条件下，通过建立结构设施，在充分利用自然环境条件的基础上，人为地创造生物生长发育的生境条件，实现高产、优质、高效的现代化农业生产方式。随着社会经济和科学技术的发展，传统农业产业正经历着翻天覆地的变化，由简易塑料大棚和温室发展到具有人工环境控制设施的自动化、机械化程度极高的现代化大型温室和植物工厂。当前，设施农业已经成为现代农业的主要产业形态，是现代农业的重要标志。设施农业主要包括设施栽培和设施养殖。

1. 设施栽培项目

目前主要是蔬菜、花卉、瓜果类的设施栽培，设施栽培技术不断提高发展，新品种、新技术及农业技术人才的投入提高了设施栽培的科技含量。现已研制开发出高保温、高透光、流滴、防雾、转光等功能性棚膜及多功能复合膜和温室专用薄膜，便于机械化操作的轻质保温帘逐渐取代了沉重的草帘，也已培育出一批适于设施栽培的耐高温、弱光、抗逆性强的设施专用品种，提高了劳动生产率，使栽培作物的产量和质量得以提高。下面是主要设施栽培装备类型及其应用简介。

（1）小拱棚。小拱棚主要有拱圆形、半拱圆形和双斜面形3种类型。主要应用于春提早、秋延后或越冬栽培耐寒果蔬，如芹菜、青蒜、小白菜、油菜、香菜、菠菜、甘蓝、黄瓜、番茄、青椒、茄子、西葫芦、西瓜、草莓、甜瓜等。

（2）中拱棚。中拱棚的面积和空间比小拱棚稍大，人可在棚内直立操作，是小棚和大棚的中间类型。常用的中拱棚主要为拱圆形结构，一般用竹木或钢筋作骨架，棚中设立柱。主要应用于春早熟或秋延后生产的果蔬，也可用于菜秧和花卉栽培。

（3）塑料大棚。塑料大棚是用塑料薄膜覆盖的一种大型拱棚。它和温室相比，具有结构简单、建造和拆装方便、一次性投资少等优点；与中小棚比，具有坚固耐用、使用寿命长、棚体高大、空间大的优点，必要时可安装加温、灌水等装置，便于环境调控。主要应用于蔬菜、鲜切花、水果等的育苗；春茬早熟栽培，一般果菜类蔬菜可比露地提早上市 20～30 天，主要作物有黄瓜、番茄、青椒、茄子、菜豆等；秋季延后栽培，一般果菜类蔬菜采收期可比露地延后上市 20～30 天，主要作物有黄瓜、番茄、菜豆等；也可进行各种花草、盆花和切花栽培，草莓、葡萄、樱桃、柑橘、桃等水果栽培。

（4）现代化大型温室。现代化大型温室具有结构合理、设备完善、性能良好、控制手段先进等特点，可实现作物生产的机械化、科学化、标准化、自动化，是一种比较完善和科学的温室。这类温室可创造作物生育的最适环境条件，能使作物高产优质。主要应用于园艺作物生产上，特别是价值高的作物，如蔬菜、切花、盆栽观赏植物、园林设计用的观赏树木和草坪植物以及育苗等。

2. 设施养殖项目

目前主要是畜禽、水产品和特种动物的设施养殖。近年来，设施养殖正在逐渐兴起。下面是设施养殖装备类型及其应用简介。

（1）设施养猪装备。常用的主要设备有猪栏、喂饲设备、饮水设备、粪便清理设备及环境控制设备等。这些设备的合理性、配套性对猪场的生产管理和经济效益有很大的影响。各地实际情况和环境气候等不同，对设备的规格、型号、选材等要求也有所不同，在使用过程中须根据实际情况进行确定。

（2）设施养牛装备。主要有各类牛舍、遮阳棚舍、环境控制、饲养过程的机械化设备等，这些技术装备可以配套使用，也可单项使用。

（3）设施养禽装备。现代养禽设备是用现代劳动手段和现代科学技术来装备的，在养禽特别是养鸡的各个生产环节中使用，各种设施实现自动化或机械化，可不断地提高禽蛋、禽肉的产品率和商品率，达到养禽稳定、高产优质、低成本，以满足社会对禽蛋、禽肉日益增长的需要。主要有以下几种装备：孵化设备、育雏设备、喂料设备、饮水设备、笼养设施、清粪设备、通风设备、保温降温系统、热风炉供暖系统等。

（4）设施水产养殖装备。设施水产养殖主要分为两大类：

一是网箱养殖，包括河道网箱养殖、水库网箱养殖、湖泊网箱养殖、池塘网箱养殖；二是工厂化养鱼，包括机械式流水养鱼、开放式自然净化循环水养鱼、组装式封闭循环水养鱼、温泉地热水流水养鱼、工厂废热水流水养鱼等。

目前，设施农业的发展以超时令、反季节生产的设施栽培生产为主，它具有高附加值、高效益、高科技含量的特点，发展十分迅速。随着社会的进步和科学的发展，我国设施农业的发展将向着地域化、节能化、专业化发展，由传统的作坊式生产向高科技、自动化、机械化、规模化、产业化的工厂型农业发展，为社会提供更加丰富的无污染、安全、优质的绿色健康食品。

（四）休闲观光农业项目

休闲观光农业是一种以农业和农村为载体的新型生态旅游业，是把农业与旅游业结合在一起，利用农业景观和农村空间吸引游客前来观赏、游览、品尝、休闲、体验、购物的一种新型农业经营形态。休闲观光农业主要有观光农园、农业公园、教育农园、森林公园、民俗观光村5种形式。

现代农业不仅具有生产性功能，还具有改善生态环境质量，为人们提供观光、休闲、度假的生活性功能。也就是说，农业生产不仅要满足"胃"，还要满足"心"，满足"肺"。随着人们收入的增加以及闲暇时间的增多，人们渴望多样化的旅游，尤其希望能在广阔的农村环境中放松自己。休闲观光农业的发展，不仅可以丰富城乡人民的精神生活，优化投资环境，而且能实现农业生态、经济和社会效益的有机统一。

休闲观光农业创业要具备以下条件：一是当地要有值得拓展的旅游空间，休闲观光创业项目要有自己的特点，不能完全雷同；二是农业旅游项目要能够满足人们回归大自然的愿望，软硬件设施要满足游客的需要；三是周围要有休闲观光的消费群体，消费群体要有一定的消费能力；四是休闲观光项目要能够增加农业生产的附加值，要能配套开发出相应的旅游产品。

（五）农产品加工项目

农产品加工业有传统农产品加工业和现代农产品加工业两种形式。传统农产品加工业是指对农产品进行一次性的不涉及对农产品内在成分改变的加工，也是通常所说的农产品初加工。现代农产品加工业是指用物理、化学等方法对农产品进行处理，改变其形态和性能，使之更加适合消费需要的工业生产活动。依托现代农产品加工业实现创业成功的例子不胜枚举。

农产品加工业创业应有的条件：一是产品要有丰富的市场需求；二是加工原料要有充足的来源；三是要有能赢得良好口碑的产品。

（六）农村新型服务业项目

农村新型服务业是适应农村生产生活方式变化应运而生的产业，业态类型丰富，经营方式灵活，发展空间广阔。农村新型服务业包括生产性服务业和生活性服务业。

1. 生产性服务业

为适应农业生产规模化、标准化、机械化的趋势，支持供销、邮政、农民合作社及乡村企业等，开展农技推广、土地托管、代耕代种、烘干收储等农业生产性服务，以及市场信息、农资供应、农业废弃物资源化利用、农机作业及维修、农产品营销等服务。

引导各类服务主体把服务网点延伸到乡村，鼓励新型农业经营主体在城镇设立鲜活农产品直销网点，推广农超、农社（区）、农企等产销对接模式。鼓励大型农产品加工流通企业开展托管服务、专项服务、连锁服务、个性化服务等综合配套服务。

2. 生活性服务业

改造提升餐饮住宿、商超零售、美容美发、洗浴、照相、电器维修、再生资源回收等乡村生活服务业，积极发展养老护幼、卫生保洁、文化演出、体育健身、法律咨询、信息中介、典礼司仪等乡村服务业。

积极发展订制服务、体验服务、智慧服务、共享服务、绿色服务等新形态，探索"线上交易+线下服务"的新模式。鼓励各类服务主体建设运营覆盖娱乐、健康、教育、家政、体育等领域的在线服务平台，推动传统服务业升级改造，为乡村居民提供高效便捷服务。

（七）农村电子商务项目

1. 培育农村电子商务主体

引导电商、物流、商贸、金融、供销、邮政、快递等各类电子商务主体到乡村布局，构建农村购物网络平台。依托农家店、农村综合服务社、村邮站、快递网点、农产品购销代办站等发展农村电商末端网点。

2. 扩大农村电子商务应用

在农业生产、加工、流通等环节，加快互联网技术应用与推广。在促进工业品、农业生产资料下乡的同时，拓展农产品、特色食品、民俗制品等产品的进城空间。

3. 改善农村电子商务环境

实施"互联网+"农产品出村进城工程，完善乡村信息网络基础设施，加快发展农产品冷链物流设施。建设农村电子商务公共服务中心，加强农村电子商务人才培养，营造良好市场环境。

农村电子商务创业应有的条件：一是具备网络基础设施；二是物流配送畅通；三是产品质量好；四是市场需求大；五是营销能力强。

二、创业资金的筹措

农村创业资金的筹措可以通过多种途径来实现。

(一) 自有资金

自有资金是创业过程中最基础且最重要的资金来源。这通常包括个人的储蓄、投资回报,甚至是家庭财产。使用自有资金进行创业,创业者无需向外部机构或个人申请资金,可以更快地启动项目。

(二) 亲友借款

亲友借款是创业资金筹措中一种常见且相对简单的方式。它基于个人与亲友之间的信任关系,通常不需要烦琐的手续和审批流程。这种借款方式的优点在于其灵活性和快速性,亲友之间往往能够迅速达成借款协议,并使资金快速到位。然而,亲友借款也存在一些潜在的风险和挑战。如果借款未能按时偿还,可能会损害与亲友之间的关系,甚至导致家庭纷争。因此,在选择亲友借款作为创业资金筹措方式时,务必谨慎考虑。确保与亲友进行充分的沟通,明确借款金额、还款期限和还款方式等关键条款。同时,要恪守信用,按时偿还借款,以维护良好的人际关系和信誉。

(三) 银行贷款

创业者可以向商业银行或农村信用社等机构申请贷款。这些贷款通常具有较低的利率,还款期限灵活,可以根据项目的实际情况和创业者的还款能力进行定制化的还款计划。然而,申请银行贷款需要一定的抵押物或担保人,而且贷款审批过程可能较为复杂和耗时。此外,贷款会增加创业者的财务风险,需要定期偿还本金和利息。

(四) 政府补贴和扶持资金

为了支持农村创业和农业发展,各级政府会提供一定的补贴和扶持资金。这些资金旨在降低创业成本和风险，鼓励更多人投身于农村创业。创业者可以通过申请相关的政府项目或基金来获得这些资金。与银行贷款相比，政府补贴和扶持资金通常无须偿还，且申请流程相对简单。然而，这些资金的申请条件可能较为严格，竞争也较为激烈。

（五）合作伙伴投资

寻找志同道合的合作伙伴共同投资创业项目，不仅可以筹集到更多的资金，还可以带来行业资源、管理经验和市场渠道等方面的支持。这种方式的优点在于可以分担风险和成本，同时借助合作伙伴的经验和资源加速项目的推进。然而，引入合作伙伴也可能导致股权稀释和管理层决策权的分散。因此，在选择合作伙伴时需要谨慎考虑其背景、信誉和实力等因素。

三、创业团队的组建

创业团队是决定创业企业发展和影响企业绩效的核心群体，是新创企业成败的关键因素，它对吸引投资者是至关重要的。一般来说，创业团队的组建分为以下几个程序。

（一）明确创业目标

创业目标是开展创业活动的基础。在成立创业团队前，首先要明确创业的目标，这是整合创业团队的起点。创业者需要明确创业目标才能够决定创业团队的人员构成，才能够有进一步的创业计划。创业者在识别和综合评价多种创业机会的过程中，要制定出相应的创业总目标，进而决定寻找具体的人才来共同推进创业活动的进行。

（二）制订创业计划

在明确创业目标后就需要根据目标来制订相应的计划，这种计划可以分为总计划和多个子计划。创业者在制订创业计划的过程中要充分考虑到已具备的创业资源、自身的优劣势和下一步需要的资源。同时，一份较为完备的创业计划也有利于加深合作伙伴对创业活动预期的了解，吸引有意向的合作伙伴加入团队。在制订计划的过程中需要充分考虑到创业各个阶段的阶段性目标和影响因素，制订出相应的阶段性计划和阶段性任务。

（三）寻找符合条件的团队成员

在初步明确创业目标和制订创业计划后，创业者就可以根据创业的需要寻找符合条件的团队成员组成创业团队。创业者可通过自己的社会网络来寻找能够形成优势互补的较为可靠的合作伙伴。在对寻找到的合作伙伴进行筛选的过程中还需要关注对方的思想素质，创业者不仅要从教育背景、工作经历、生活阅历等方面来考察合作伙伴的综合素质，更要考察合作伙伴的个人品德，关注合作伙伴的忠诚度和坦诚度。可以说，在一个创业团队中，团队成员间相互的知识结构越合理，创业成功的可能性也就越大。

（四）职权划分

在创业团队中进行职权的划分主要是依据预先的创业计划，根据创业的需要，对不同的团队成员进行相应的职责分工，确定每位团队成员所要承担的职责及其所能获得的或者享有的相应的权限。明确的职责分工能够保障团队内部的良性运行，保障各项工作有条不紊地进行，团队成员依据职权划分来各司其职，执行预先制订的创业计划。同时，在划分职权的过程中需要充分考虑到团队成员的结构构成，职权的划分必须明确且具有一定的排他性，避免出现职权过重或职权空缺。此外，由于创业活动的复杂性和动态性，对于职权的划分同样也不能是一成不变的，需要适时根据外部环境的变化和团队成员的流动来及时调整。

（五）建立团队制度体系

完整系统的团队制度体系为创业活动的顺利进行提供了必要

支撑，严格把控制度体系有利于规范团队成员的个人行为，激励团队成员恪尽职守、各司其职。严格的团队制度体系也为克服在团队发展过程中可能出现的利益分歧提供了重要保障。

需要明确的是，创业团队的组建并不是严格遵守以上的各个程序，很多的创业团队在组建的过程中并没有严格意义上的步骤划分。

第三节　乡村创业风险防控

一、乡村创业面临的主要风险

在乡村创业过程中，创业者需要面对多种风险，这些风险可能会对创业成果产生不利影响。

（一）自然风险

1. 气候变化

气候变化是乡村创业中不可避免的自然风险之一。全球气候变暖、极端天气事件的频发，如洪水、干旱、冰雹、台风等，都可能对农业生产造成严重的破坏。这些灾害可能导致作物减产甚至绝收，给乡村创业者带来巨大的经济损失。此外，气候变化还可能影响土壤肥力、水资源分布等，进一步加剧农业生产的不稳定性。

2. 病虫害

病虫害的暴发是农业生产中常见的自然风险。病虫害不仅能够在短时间内对农作物造成大面积的损失，而且防治起来往往需要投入大量的人力、物力和财力。一旦防治不及时或不到位，可能会给乡村创业者带来严重的经济压力。

（二）市场风险

1. 价格波动

农产品价格受市场供需关系、政策调控、国际贸易等多种因素的影响，波动较大。价格的不稳定直接影响乡村创业者的收益。在市场价格低迷时，农民可能会面临收入减少甚至亏损的风险；而在市场价格高涨时，又可能面临原材料成本上升的压力。这种价格波动使得乡村创业的营利模式变得复杂和不确定。

2. 竞争激烈

当前，农产品市场同质化现象严重，竞争非常激烈。乡村创业者在面对众多竞争对手时，需要不断提高产品质量、降低成本、创新营销方式等，以获得市场份额。然而，这些措施的实施往往需要投入大量的资金和资源，对于初创企业来说，无疑是一种巨大的挑战。

（三）政策和法律风险

1. 政策变化

政府政策的变化可能会对农业生产和经营产生重大影响。如农业补贴政策、土地使用政策、环保政策等的调整，都可能直接影响乡村创业者的生产成本和经营策略。政策的不确定性增加了乡村创业的风险，创业者需要密切关注政策动态，及时调整经营策略。

2. 法律风险

乡村创业过程中可能会涉及知识产权、环保法规、产品质量法等多方面的法律风险。如果创业者对相关法律法规了解不足，可能会因为侵权、违规操作等问题而面临法律诉讼或行政处罚，给企业带来经济损失和声誉风险。

（四）技术和人才风险

1. 技术更新换代快

农业技术的快速发展要求乡村创业者不断学习和更新知识。新技术的应用可以提高生产效率和产品质量，但同时也意味着旧技术的快速淘汰。如果创业者不能及时掌握和应用新技术，可能会在竞争中处于劣势。

2. 人才短缺

农村地区普遍存在人才流失的问题，高素质的人才往往选择到城市发展，导致乡村创业缺乏必要的技术和管理人才。人才短缺不仅影响了企业的技术革新和管理水平，也制约了企业的长远发展。

（五）资金风险

1. 融资困难

乡村创业者在创业初期往往面临资金短缺的问题。由于缺乏足够的抵押物或信用记录，农村创业者可能难以从银行或其他金融机构获得贷款。融资困难限制了企业的发展速度和规模，增加了创业的风险。

2. 投资回报低

农业生产周期长，资金回流慢，投资回报率相对较低。这对于追求快速回报的投资者来说是一个较大的挑战。乡村创业者需要有足够的耐心和长期投入的准备，否则可能因为资金链断裂而面临失败的风险。

二、乡村创业风险的防控措施

面对乡村创业过程中的各种风险，创业者需要采取有效的应对策略，以提高创业成功率和企业的稳定性。

（一）加强市场调研和预测

为了有效应对市场风险，乡村创业者首先需要加强市场调研和预测。这意味着要深入了解市场趋势、消费者需求以及竞争对手的情况。通过定期进行市场调查和分析，创业者可以及时掌握市场动态，制定或调整市场营销策略，以满足消费者的实际需求和偏好。此外，关注行业动态和政策变化也是必不可少的，这有助于创业者把握市场机遇，及时调整经营策略，以适应市场的变化。通过这些措施，创业者可以提高市场敏感度，降低市场风险。

（二）利用政策资源

政府的政策资源是乡村创业的重要支持。创业者应积极了解和利用相关政策资源，如农业保险、补贴等，以降低经营风险。与当地政府部门建立良好的沟通关系，可以帮助创业者及时了解政策动态，并争取获得更多的政策支持。同时，了解并合理利用政府提供的农业保险、补贴等政策资源，可以有效减轻因自然灾害或市场波动带来的损失。此外，关注政府对行业的规划和支持方向，积极参与政府项目，争取资金支持，也是降低风险的有效途径。

（三）技术升级与创新

技术的不断进步为乡村创业提供了新的发展机遇。创业者应不断引进和应用新技术，加强技术研发和创新，以提高企业的竞争力。这包括引进智能农业设备、采用现代化的种植技术等，以提高生产效率和产品质量。同时，与科研机构、高校等建立合作关系，共同开展技术研发和创新活动，可以加速技术成果的转化和应用。在追求技术升级与创新的同时，也要注意防范技术风险，确保技术的可靠性和稳定性，避免因技术问题导致的生产中断或质量下降。

（四）人才培养与留任

人才是乡村创业成功的关键因素。创业者需要重视人才培养和激励，提供良好的工作环境和发展空间，以留住关键人才。通过建立人才培训计划、提供有竞争力的薪酬福利等方式，可以吸引和留住人才。加强人才培养和激励机制建设，为员工提供必要的技能培训和学习机会，帮助他们提升能力和素质。同时，营造良好的工作氛围和企业文化，提高员工的归属感和忠诚度，有助于降低人才流失风险。

（五）多元化经营与品牌建设

为了降低单一业务的风险，乡村创业者可以考虑多元化经营，拓展业务领域。这不仅可以增加企业的收入来源，还可以分散风险。在拓展新业务时，要注意市场需求和可行性分析，确保新业务的盈利能力。同时，注重品牌建设和市场营销，提高产品的知名度和美誉度。通过品牌推广、广告宣传等方式，增强品牌的影响力和竞争力，提升消费者对产品的认知度和忠诚度。这有助于企业在激烈的市场竞争中站稳脚跟，提高抗风险能力。

第八章　农产品质量安全

第一节　农产品质量安全的重要性

农产品质量安全关乎国计民生，它不仅直接影响到消费者的健康和生活质量，而且关系到农业的可持续发展和国家的食品安全战略。在农业现代化进程中，农产品质量安全扮演着举足轻重的角色，其重要性不容忽视。

一、保障消费者的健康

农产品是人类赖以生存的基础食物来源，其质量安全直接关系到消费者的身体健康和生命安全。农产品中如果存在农药残留、重金属超标等质量问题，长期摄入会对人体健康造成严重危害。例如，农药残留可能导致神经系统损伤、内分泌紊乱等问题，重金属超标则可能引发各种慢性疾病。因此，确保农产品质量安全，就是保障消费者的基本健康权益。

二、促进农业可持续发展

农产品质量安全与农业可持续发展紧密相连。一方面，农产品质量安全要求农业生产者遵循科学、合理的生产方式，减少化肥、农药的使用，这有助于保护生态环境，实现农业的绿色发展。另一方面，农产品质量安全也促进了农业产业结构的优化和升级。为了满足市场对高质量农产品的需求，农业生产者需要不断改进生产技术，提高农产品的品质和安全性，从而推动农业向高效、环保、可持续的方向发展。

三、维护国家食品安全

农产品是食品工业的原材料，其质量安全直接影响到食品的安全性和品质。在食品加工过程中，如果原材料存在质量问题，就会对整个食品链造成潜在的威胁。因此，从源头抓起，确保农产品的质量安全，是保障食品安全的重要基础。只有加强农产品质量安全管理，才能从根本上保障人民群众的饮食安全。

四、提升农业科技水平

农产品质量安全对农业生产技术提出了更高的要求。为了满足市场对高质量农产品的需求，农业生产者需要不断改进生产技术和管理方法，提高农产品的品质和产量。这有助于推动农业科技的创新和发展，提升整个农业产业的科技水平。同时，随着农业科技的不断进步和应用，也为农产品质量安全提供了更加坚实的技术支撑和保障。

五、促进社会稳定和经济发展

农产品是人们日常生活的重要组成部分，其价格和质量直接影响到人们的生活水平和消费观念。如果农产品存在质量安全问题，不仅会引发消费者的担忧和恐慌，还可能对农业生产造成严重影响，甚至引发社会不稳定因素。相反，农产品质量安全得到有效保障，就会增强消费者对市场的信心，促进农业生产的稳定发展，进而推动整个社会的繁荣和进步。

六、提升国家形象和竞争力

农产品是一个国家的重要出口商品，其质量安全直接影响到国家在国际市场上的形象和竞争力。如果一个国家的农产品存在质量安全问题，不仅会损害消费者的健康，还会降低该国农产品在国际市场上的信誉和竞争力。相反，如果一个国家的农产品质量安全得到了有效保障，那么该国的农产品就会在国际市场上获得更好的口碑和更高的认可度，从而提升国家的整体形象和竞争力。

第二节　农产品质量安全的标准与认证

一、农产品质量安全标准

农产品质量安全标准是指对农产品生产、加工、储存、运输和销售等环节中的质量安全要求所作出的统一规定。农产品质量安全标准是评价农产品质量安全状况的科学基础，是规范农产品生产经营行为的基本准则，是农产品质量安全依法监管的重要依据。农产品生产经营者要按照标准严格规范生产经营行为，确保农产品合格上市。

根据《中华人民共和国农产品质量安全法》（以下简称《农产品质量安全法》）第十六条的规定，国家建立健全农产品质量安全标准体系，确保严格实施。农产品质量安全标准是强制执行的标准。以下是农产品质量安全标准的具体要求。

（一）农业投入品的质量要求与管理

农业投入品，包括农药、兽药、肥料、饲料及饲料添加剂等，是农业生产中不可或缺的要素。然而，这些投入品的不当使用可能会对农产品造成污染，进而影响农产品的品质和消费者的健康。因此，投入品必须符合国家或地方的相关标准，保证其安全性和有效性，如《畜禽饲养场投入品使用管理规范》（DB12/T 542—2023）。

除了质量要求外，农业投入品的使用范围、用法、用量也有严格规定。生产者必须按照说明书或者农业技术部门的指导进行使用，严禁超量、超频次使用。同时，安全间隔期和休药期的规定也是必不可少的。安全间隔期是指最后一次使用农药到农产品收获的时间间隔，这是为了确保农产品中农药残留量降低到安全水平。休药期则是指在使用兽药后，动物体内药物残留量降低到安全水平所需的时间。这些规定都是为了保障农产品的安全性和消费者的健康。

（二）农产品产地环境与生产过程管控

农产品产地环境是影响农产品质量的重要因素之一。农产品产地环境必须符合国家或地方的环境质量标准，特别是土壤和水质的标准。对于污染严重的地区，应采取相应的治理措施，确保农产品生产的环境安全。

在生产过程中，生产者应遵循科学的种植、养殖技术，合理使用农业投入品，确保农产品的品质和安全性。同时，应建立完善的生产记录制度，记录农产品的生产、用药、施肥等信息，以便追溯和监管。

（三）储存与运输要求

农产品的储存和运输也是影响其质量的重要环节。农产品储存和运输设施应符合卫生和安全标准，防止农产品在储存和运输过程中发生变质、污染等问题。特别是对于易腐烂的农产品，更应采取适当的保鲜措施，确保农产品的新鲜度和安全性。

（四）农产品关键成分指标

农产品中的关键成分指标，如重金属含量、农药残留量、微生物指标等，是评价农产品质量的重要依据。农产品质量安全标准对这些关键成分指标提出了明确的要求，如《食品安全国家标准　食品中农药最大残留限量》（GB 2763—2021）。农产品必须符合这些指标的标准，否则将被视为不合格产品，不得上市销售。

（五）屠宰畜禽的检验规程

屠宰畜禽是农产品的重要组成部分，其质量安全直接关系到公共卫生安全。对于屠宰畜禽，农产品质量安全标准也有详细的检验规程，如《畜禽屠宰操作规程　羊》（GB/T 43562—2023）。屠宰前应对畜禽进行健康检查，确保畜禽健康无病。屠宰过程中应遵守严格的卫生和安全规定，防止交叉污染和疾病传播。同时，对屠宰后的畜禽产品进行质量检验，确保其符合国家和行业的质量标准。

（六）其他与农产品质量安全有关的强制性要求

除了上述要求外，农产品质量安全标准还包括其他一些强制性要求，如标签标识、追溯体系的建立、生产记录的保存等。这些要求有助于提高农产品的透明度，增强消费者对农产品质量安全的信心。

此外，《中华人民共和国食品安全法》对食用农产品的有关质量安全标准作出规定的，依照其规定执行。

二、农产品质量安全认证

认证是指由认证机构证明产品、服务、管理体系符合相关技术规范、相关技术规范的强制性要求或者标准的合格评定活动。目前，我国农产品质量认证主要有绿色食品认证、有机产品认证、农产品地理标志登记和承诺达标合格证等。

（一）绿色食品认证

绿色食品是指产自优良生态环境、按照绿色食品标准生产、实行全程质量控制并获得绿色食品标志（图8-1）使用权的安全、优质食用农产品及相关产品。

图8-1 绿色食品标志

2022年最新修订的《绿色食品标志管理办法》指出：中国绿色食品发展中心负责全国绿色食品标志使用申请的审查、颁证和颁证后跟踪检查工作。省级人民政府农业行政农村部门所属绿色食品工作机构（以下简称省级工作机构）负责本行政区域绿色食品标志使用申请的受理、初审和颁证后跟踪检查工作。

申请使用绿色食品标志的生产单位，应当具备下列条件：能够独立承担民事责任；具有绿色食品生产的环境条件和生产技术；具有完善的质量管理和质量保证体系；具有与生产规模相适应的生产技术人员和质量控制人员；具有稳定的生产基地；申请前三年内无质量安全事故和不良诚信记录。

申请认证产品条件：申请使用绿色食品标志的产品，应当符合《中华人民共和国食品安全法》《中华人民共和国农产品质量安全法》等法律法规规定，在国家知识产权局商标局核定的范围内，并具备下列条件：产品或产品原料产地环境符合绿色食品产地环境质量标准；农药、肥料、饲料、兽药等投入品使用符合绿色食品投入品使用准则；产品质量符合绿色食品产品质量标准；包装贮运符合绿色食品包装贮运标准。

绿色食品认证的程序：申请人提交申请和相关材料，经过文审、现场检查，同时安排环境质量现状调查和产品抽样，检查结果、环境检测和产品检测报告汇总后，合格者颁发证书。证书有效期是3年。绿色食品认证程序如下。

1. 申请

申请人应当向省级工作机构提出申请，并提交下列材料：标志使用申请书；产品生产技术规程和质量控制规范；预包装产品包装标签或其设计样张；中国绿色食品发展中心规定提交的其他证明材料。

2. 受理

省级工作机构应当自收到申请之日起10个工作日内完成材料审查。符合要求的，予以受理，并在产品及产品原料生产期内组织有资质的检查员完成现场检查；不符合要求的，不予受理，书面通知申请人并告知理由。

现场检查合格的，省级工作机构应当书面通知申请人，由申请人委托符合要求的检测机构对申请产品和相应的产地环境进行检测；现场检查不合格的，省级工作机构应当退回申请并书面告知理由。

3. 现场抽样

检测机构接受申请人委托后，应当及时安排现场抽样，并自产品样品抽样之日起20个工作日内、环境样品抽样之日起30个工作日内完成检测工作，出具产品质量检验报告和产地环境监测报告，提交省级工作机构和申请人。检测机构应当对检测结果负责。

4. 认证审核

省级工作机构应当自收到产品检验报告和产地环境监测报告之日起20个工作日内提出初审意见。初审合格的，将初审意见及相关材料报送中国绿色食品发展中心。初审不合格的，退回申请并书面告知理由。省级工作机构应当对初审结果负责。

中国绿色食品发展中心应当自收到省级工作机构报送的申请材料之日起 30 个工作日内完成书面审查，并在 20 个工作日内组织专家评审。必要时，应当进行现场核查。

5. 认证评审

中国绿色食品发展中心应当根据专家评审的意见，在 5 个工作日内作出是否颁证的决定。同意颁证的，与申请人签订绿色食品标志使用合同，颁发绿色食品标志使用证书，并公告；不同意颁证的，书面通知申请人并告知理由。

6. 颁证

绿色食品标志使用证书是申请人合法使用绿色食品标志的凭证，应当载明准许使用的产品名称、商标名称、获证单位及其信息编码、核准产量、产品编号、标志使用有效期、颁证机构等内容。绿色食品标志使用证书分中文、英文版本，具有同等效力。

绿色食品标志使用证书有效期 3 年。证书有效期满，需要继续使用绿色食品标志的，标志使用人应当在有效期满 3 个月前向省级工作机构书面提出续展申请。省级工作机构应当在 40 个工作日内组织完成相关检查、检测及材料审核。初审合格的，由中国绿色食品发展中心在 10 个工作日内作出是否准予续展的决定。准予续展的，与标志使用人续签绿色食品标志使用合同，颁发新的绿色食品标志使用证书并公告；不予续展的，书面通知标志使用人并告知理由。标志使用人逾期未提出续展申请，或者申请续展未获通过的，不得继续使用绿色食品标志。

（二）有机产品认证

有机产品是根据有机农业原则，生产过程绝对禁止使用人工合成的农药、化肥、色素生长调节剂和畜禽饲料添加剂等化学物质和采用对环境无害的方式生产、销售过程受专业认证机构全程监控，通过独立认证机构认证并颁发证书，销售总量受控制的一类真正纯天然、高品质、无污染、安全的健康食品。

国家市场监督管理总局 2022 年修订的《有机产品认证管理办法》指出：有机产品认证是指认证机构依照本办法的规定，按照有机产品认证规则，对相关产品的生产、加工和销售活动符合中国有机产品国家标准进行的合格评定活动。国家市场监督管理总局负责全国有机产品认证的统一管理、监督和综合协调工作。地方市场监督管理部门负责所辖区域内有机产品认证活动的监督管理工作。国家推行统一的有机产品认证制度，实行统一的认证目录、统一的标准和认证实施规则、统一的认证标志。国家市场监督管理总局负责制定和调整有机产品认证目录、认证实施规则，并对外公布。

有机产品认证机构应当依法取得法人资格，并经国家市场监督管理总局批准后，方可从事批准范围内的有机产品认证活动。目前有机认证机构众多，生产者在选择有机产品认证机构时一定要注意核实，该认证机构是否经过中国国家认证认可监督管理委员会、中国合格评定国家认可委员会等权威部门认可，拥有正式批准号等。下面以农业农村部主管的中绿华夏有机食品认证中心（China Organic Food Certification Center，COFCC）的认证流程为例，说明申请认证有机产品的工作程序。

1. 申请

（1）申请人登陆 www.ofcc.org.cn 下载填写《有机产品认证申请书》《有机产品认证调查表》，下载《有机产品认证书面资料清单》并按要求准备相关材料。

（2）申请人提交《有机产品认证申请书》《有机产品认证调查表》，以及《有机产品认证书面资料清单》要求的文件，提出正式申请。

（3）申请人按《有机产品 生产、加工、标识与管理体系要求》（GB/T 19630—2019）要求，建立本企业的质量管理体系、质量保证体系的技术措施和质量信息追踪及处理体系。

2. 文件审核

认证机构应当自收到认证委托人申请材料之日起 10 日内，完成材料审核，并作出是否受理的决定。审核合格后，认证中心根据项目特点，依据认证收费细则，估算认证费用，向企业寄发《受理通知书》和《有机产品认证检查合同》（简称《检查合同》）。若审核不合格，认证中心通知申请人且当年不再受理其申请。申请人确认《受理通知书》后，与认证中心签订《检查合同》。根据《检查合同》的要求，申请人交纳相关费用，以保证认证前期工作的正常开展。

3. 实地检查

企业寄回《检查合同》及缴纳相关费用后，认证中心派出有资质的检查员。检查员应从认证中心取得申请人相关资料，依据《有机产品认证实施规则》的要求，对申请人的质量管理体系、生产过程控制、追踪体系以及产地、生产、加工、仓储、运输、贸易等进行实地检查评估。必要时，检查员需对土壤、产品抽样，由申请人将样品送指定的质检机构检测。

4. 撰写检查报告

检查员完成检查后，在规定时间内，按认证中心要求编写检查报告，并提交给认证中心。

5. 综合审查评估意见

认证中心根据申请人提供的申请表、调查表等相关材料以及检查员的检查报告和样品检验报告等进行综合评审，评审报告提交颁证委员会。

6. 颁证决定

颁证委员会对申请人的基本情况调查表、检查员的检查报告和认证中心的评估意见等材料进行全面审查，做出同意颁证、有条件颁证、有机转换颁证或拒绝颁证的决定。证书有效期为1年。

当申请项目较为复杂（如养殖、渔业、加工等项目）时，或在一段时间内（如6个月），召开技术委员会工作会议，对相应项目作出认证决定。

（1）同意颁证。申请内容完全符合有机标准，颁发有机证书。

（2）有条件颁证。申请内容基本符合有机产品标准，但某些方面尚需改进，在申请人书面承诺按要求进行改进以后，亦可颁发有机证书。

（3）有机转换颁证。申请人的基地进入转换期1年以上，并继续实施有机转换计划，颁发有机转换证书。从有机转换基地收获的产品，按照有机方式加工，可作为有机转换产品，即"有机转换产品"销售。

（4）拒绝颁证。申请内容达不到有机标准要求，颁证委员会拒绝颁证，并说明理由。

7. 颁证决定签发

颁证委员会做出颁证决定后，认证中心主任授权颁证委员会秘书处（认证二部）根据颁证委员会做出的结论在颁证报告上使用签名章，签发颁证决定。

8. 有机产品认证标志的使用

根据证书和《有机食（产）品标志使用章程》的要求，签订《有机食（产）品标志使用许可合同》，并办理有机/有机转换标志的使用手续。COFCC下发的有机产品认证标志如图8-2

所示。

有机码段释文（例）

010 02 21 23456789012

认证机构代码

认证标志印刷年份代码

认证标志发放随机码

0100221 23456789012

银色涂层印刷黑色文字

刮刮银刮开后效果

图 8-2　COFCC 下发的有机产品认证标志

9. 保持认证

有机产品认证证书有效期为 1 年，在新的年度里，COFCC
会向获证企业发出《保持认证通知》。获证企业在收到《保持认
证通知》后，应按照要求提交认证材料、与联系人沟通确定实地
检查时间并及时缴纳相关费用。保持认证的文件审核、实地检
查、综合评审、颁证决定的程序同初次认证。

（三）农产品地理标志登记

农产品地理标志是指标示农产品来源于特定地域，产品品质
和相关特征主要取决于自然生态环境和历史人文因素，并以地域
名称冠名的特有农产品标志。

《农产品地理标志管理办法》是专门针对农产品地理标志发
布管理的行政法规。国家对农产品地理标志实行登记制度，经登
记的农产品地理标志受法律保护。

1. 申请地理标志登记的农产品

农产品地理标志登记范围是指来源于农业的初级产品，并在
《农产品地理标志登记审查准则》规定的目录覆盖的三大行业 22

个小类内。

申请农产品地理标志登记的农产品，应当符合下列条件：称谓由地理区域名称和农产品通用名称构成；产品有独特的品质特性或者特定的生产方式；产品品质和特色主要取决于独特的自然生态环境和人文历史因素；产品有限定的生产区域范围；产地环境、产品质量符合国家强制性技术规范要求。

2. 农产品地理标志登记申请人

农产品地理标志登记申请人为县级以上地方人民政府，根据下列条件择优确定农民专业合作经济组织、行业协会等组织。

（1）具有监督和管理农产品地理标志及其产品的能力。

（2）具有为地理标志农产品生产、加工、营销提供指导服务的能力。

（3）具有独立承担民事责任的能力。

3. 农产品地理标志登记管理工作负责人

农业农村部负责全国农产品地理标志的登记工作，农业农村部农产品质量安全中心负责农产品地理标志登记的审查和专家评审工作。省级人民政府农业农村主管部门负责本行政区域内农产品地理标志登记申请的受理和初审工作。农业农村部设立的农产品地理标志登记专家评审委员会负责专家评审。农产品地理标志登记专家评审委员会由种植业、畜牧业、渔业和农产品质量安全等方面的专家组成。

4. 农产品地理标志登记管理的申请材料

符合农产品地理标志登记条件的申请人，可以向省级人民政府农业农村主管部门提出登记申请，并提交下列申请材料：登记申请书；产品典型特征特性描述和相应产品品质鉴定报告；产地环境条件、生产技术规范和产品质量安全技术规范；地域范围确定性文件和生产地域分布图；产品实物样品或者样品图片；其他必要的说明性或者证明性材料。

5. 农产品地理标志登记管理的审查

省级人民政府农业农村主管部门自受理农产品地理标志登记申请之日起，应当在45个工作日内完成申请材料的初审和现场核查，并提出初审意见。符合条件的，将申请材料和初审意见报送农业农村部农产品质量安全中心；不符合条件的，应当在提出初审意见之日起10个工作日内将相关意见和建议通知申请人。

农业农村部农产品质量安全中心应当自收到申请材料和初审意见之日起20个工作日内，对申请材料进行审查，提出审查意见，并组织专家评审。经专家评审通过的，由农业农村部农产品质量安全中心代表农业农村部向社会公示。有关单位和个人有异议的，应当自公示截止日起20日内向农业农村部农产品质量安全中心提出。公示无异议的，由农业农村部作出登记决定并公告，颁发《中华人民共和国农产品地理标志登记证书》，公布登记产品相关技术规范和标准。专家评审没有通过的，由农业农村部作出不予登记的决定，书面通知，并说明理由。

6. 农产品地理标志登记证书使用

农产品地理标志登记证书长期有效。有下列情形之一的，登记证书持有人应当按照规定程序提出变更申请：登记证书持有人或者法定代表人发生变化的；地域范围或者相应自然生态环境发生变化的。

7. 农产品地理标志的使用

农产品地理标志实行公共标识与地域产品名称相结合的标注制度。公共标识图案由中华人民共和国农业农村部中英文字样、农产品地理标志中英文字样、麦穗、地球、日月等元素构成（图8-3）。

符合下列条件的单位和个人，可以向登记证书持有人申请使

图8-3 农产品地理标志公共标识图案

用农产品地理标志。

（1）生产经营的农产品产自登记确定的地域或范围。

（2）已取得登记农产品相关的生产经营资质。

（3）能够严格按照规定的质量技术规范组织开展生产经营活动。

（4）具有地理标志农产品市场开发经营能力。

使用农产品地理标志，应当按照生产经营年度与登记证书持有人签订农产品地理标志使用协议，在协议中载明使用的数量、范围及相关的责任义务。

农产品地理标志登记证书持有人不得向农产品地理标志使用人收取使用费。

（四）承诺达标合格证

自2019年农业农村部在全国试行食用农产品合格证制度以来，各地农业农村部门积极推进，压实了生产主体责任，促进了产管衔接，进一步完善了农产品质量安全监管措施，取得了阶段性成效。在试行过程中，合格证样式和内容不断完善，各级农业农村部门对此也做了积极探索。为进一步明确制度的核心要求与目标，农业农村部将合格证名称由"食用农产品合格证"调整为"承诺达标合格证"（图8-4）。

承诺达标合格证

我承诺对生产销售的食用农产品：

☐ 不使用禁用农药兽药、停用兽药和非法添加物

☐ 常规农药兽药残留不超标

☐ 对承诺的真实性负责

承诺信依据：

☐ 委托检测 　　　　　　 ☐ 自我检测

☐ 内部质量控制 　　　　 ☐ 自我承诺

- -

产品名称： 　　　　　　 数量（重量）：

产　　地：

生产者盖章或签名：

联系方式：

开具日期： 　 年 　 月 　 日

图8-4　承诺达标合格证

1. 确保承诺达标合格证规范有效开具

承诺达标合格证要坚持"谁生产、谁用药、谁承诺"的原则，由种植养殖者作出承诺，勾选选项、自主开具，乡镇农产品质量安全监管公共服务机构、村（社区）委员会、检测机构、农产品批发市场等不应代替种植养殖者开具。

2. 加强电子承诺达标合格证开具管理

各级农业农村部门推广电子承诺达标合格证，将承诺达标合格证与农产品追溯一体化推进，取得了积极成效。以二维码等形式开具承诺达标合格证的，要坚持基本原则和要求：一是二维码

标识上或四周要明确展示"承诺达标合格证"字样;二是扫码后的内容中,首先要展示承诺达标合格证的名称、承诺声明、承诺依据等完整信息,接下来再展示企业简介、品牌宣传等内容。

第三节 农产品质量安全的监管与检测

一、农产品质量安全的监管

(一) 农产品质量安全的监管机构

农产品质量安全的监管机构主要包括以下 4 个层面。

1. 国家层面

农业农村部作为国家层面的农业行政主管部门,负责全国农产品质量安全的监督管理工作,制定相关政策、法规和标准,组织实施农产品质量安全监测计划等。

2. 地方层面

(1) 省、自治区、直辖市及计划单列市农业农村(农牧)、畜牧兽医、渔业厅(局、委)。这些机构负责本行政区域内的农产品质量安全监管工作,执行国家层面的政策和法规,组织开展地方农产品质量安全监测和监督抽查等。

(2) 县级农业农村主管部门。在县级层面,这些部门负责具体的农产品质量安全监管工作,包括日常监管、风险监测、监督抽查等。

3. 专业机构

(1) 农产品质量安全中心。作为专业机构,负责农产品质量安全的技术支撑和服务工作,包括标准制定、风险评估、检测技术研发等。

(2) 农产品质量安全检测机构。这些机构承担具体的农产品质量安全检测任务，提供科学、准确的检测数据和分析结果，为监管决策提供依据。

4. 其他相关部门

（1）市场监督管理部门。在农产品进入市场流通环节后，市场监督管理部门负责监督和管理农产品的市场销售行为，确保农产品质量安全。

（2）卫生行政部门。负责农产品质量安全风险监测和评估工作，参与农产品质量安全事故的应急处理和疾病预防控制。

这些监管机构通过各自的职责和相互协作，共同构建起覆盖农产品生产、加工、流通和消费全过程的质量安全监管体系，确保农产品质量安全，保护消费者的健康和权益。

（二）农产品质量安全监管的内容

农产品质量安全监管涵盖了从生产到消费的全过程，其目的是确保农产品的质量安全，满足消费者对健康和安全的需求。监管内容主要包括以下 6 个方面。

1. 标准制定与实施

监管机构负责制定农产品质量安全标准，包括农药残留、兽药残留、重金属含量、微生物限量等，并监督这些标准的实施。同时，推动农业生产者按照标准化生产，确保农产品符合质量安全要求。

2. 生产过程监管

监管机构对农产品的生产过程进行监督，包括农业投入品（如农药、兽药、肥料等）的使用管理，以及生产技术的指导和推广。通过规范生产行为，减少有害物质的残留和污染。

3. 风险监测与评估

定期开展农产品质量安全风险监测，包括例行监测、普查和专项监测等，以掌握农产品质量安全状况。同时，对监测数据进行分析和评估，及时发现潜在的风险和问题，制定相应的监管措施。

4. 监督抽查与执法

监管机构对市场上销售的农产品进行抽样检测，对不合格产品进行追踪溯源，依法进行处理。同时，对违反农产品质量安全法规的行为进行查处，维护市场秩序。

5. 信息公开与追溯

建立农产品质量安全信息公开制度，向公众提供农产品质量安全的相关信息。同时，推进农产品质量安全追溯体系建设，实现从田间到餐桌的全程可追溯。

6. 应急管理与事故处理

制定农产品质量安全应急预案，对突发的农产品质量安全事件进行快速响应和有效处置，减少事故影响，保障公众健康。

二、农产品质量安全的检测

（一）农产品质量安全检测的机构

1. 检测机构的设立与资质认定

根据《中华人民共和国农产品质量安全法》第四十八条的规定，农产品质量安全检测应当充分利用现有的符合条件的检测机构。这意味着在进行农产品质量安全检测时，应当优先考虑那些已经具备相应条件和能力的检测机构，以确保检测结果的准确性和权威性。

检测机构应当具备以下条件和能力。

（1）拥有必要的检测设备和设施，能够满足农产品质量安全检测的各项要求。

（2）拥有专业的检测人员，他们应当具备相关的专业知识和技能，能够正确地进行检测工作。

（3）具备完善的质量管理体系，确保检测过程的标准化和规范化。

此外，从事农产品质量安全检测的机构，必须经过省级以上人民政府农业农村主管部门或者其授权的部门的考核，并取得合格证明。考核的具体办法由国务院农业农村主管部门制定。这一规定确保了检测机构的专业性和权威性，为农产品质量安全提供了坚实的技术保障。

2. 检测报告的责任

根据《中华人民共和国农产品质量安全法》第四十九条的规定，农产品质量安全检测机构对出具的检测报告负有法律责任。检测报告是农产品质量安全的重要依据，其客观性、公正性和真实性直接关系到农产品的市场流通和消费者的健康安全。

检测报告应当满足以下要求。

（1）客观公正。检测报告应当基于实际检测结果，不受任何外界因素影响，确保检测结果的客观性和公正性。

（2）真实可靠。检测数据必须真实有效，准确反映被检测农产品的质量安全状况，不得有任何虚假或误导性的信息。

（3）禁止虚假报告。检测机构不得出具虚假的检测报告，一经发现，将依法追究相关责任。

这些规定强调了农产品质量安全检测机构的责任和义务，确保了检测报告的权威性和可信度，为保障农产品质量安全提供了法律保障。通过这些措施，可以有效地防止不合格农产品流入市场，保护消费者的合法权益，同时也促进了农业产业的健康发展。

（二）农产品质量安全检测人员

根据《中华人民共和国农产品质量安全法》第四十九条的规定，从事农产品质量安全检测工作的人员，应当具备相应的专业知识和实际操作技能，遵纪守法，恪守职业道德。

1. 专业知识和实际操作技能

（1）专业知识。从事农产品质量安全检测的人员应当具备相关的专业知识，这包括对农产品的生产、加工、储运等各个环节的了解，以及对可能影响农产品质量安全的因素（如农药残留、重金属污染、有害微生物等）的认识。此外，还需要了解国家关于农产品质量安全的法律法规和标准。

（2）实际操作技能。除了理论知识，检测人员还需要具备实际操作技能，能够熟练使用各种检测设备和工具，按照规定的检测方法和程序进行操作。这包括样品的采集、处理、分析和结果的解读等。

2. 遵纪守法

检测人员在执行工作职责时，必须遵守国家的法律法规，不得参与任何违法违规行为。

（1）不得伪造、篡改检测数据和结果。

（2）不得泄露在工作中获得的商业秘密和技术秘密。

（3）不得利用职务之便谋取私利。

3. 恪守职业道德

（1）诚信原则。检测人员应当本着对公众健康和农产品质量安全高度负责的态度，诚实守信地开展工作，不得有任何欺骗和弄虚作假的行为。

（2）公正性。检测人员应当保持公正无私，对待所有检测对象都应当一视同仁，不得因为任何外部因素影响检测结果的客观性和公正性。

（3）责任感。检测人员应当具有较强的责任感和使命感，认识到自己的工作对保障农产品质量安全、维护消费者权益的重要性，始终以高度的责任心来执行检测任务。

（4）持续学习。农产品质量安全领域的知识和技术在不断更新和发展，检测人员应当持续学习，不断提高自己的专业知识和技能，以适应行业发展的需要。

（三）农产品质量安全检测的方法

农产品质量安全检测是确保农产品对消费者安全的关键环节，它涉及多种检测方法，主要包括物理检测、化学检测和微生物检测等。

1. 物理检测

物理检测是农产品质量安全检测的基础，它主要通过观察和测量农产品的物理特性来进行。

（1）外观特征。检测农产品的大小、形状、颜色、表面纹理等，这些都是评估农产品成熟度和新鲜度的重要指标。例如，水果和蔬菜的颜色通常与其成熟程度密切相关。

（2）重量和尺寸。通过称重和测量尺寸，可以评估农产品的规格和等级，这对于市场交易和质量控制非常重要。

（3）含水量。农产品的含水量直接影响其新鲜度和保质期。通过测量农产品的水分含量，可以判断其是否过度成熟或缺水。

（4）硬度。硬度测试通常用于评估水果和蔬菜的成熟度和口感。硬度的变化可以反映农产品内部结构的变化，对于预测保质期有一定的参考价值。

物理检测的优点在于操作简单、快速，可以现场进行，不需要复杂的仪器和专业知识。但它通常只能提供有限的信息，对于农产品内部质量和安全性的评估有限。

2. 化学检测

化学检测是农产品质量安全检测中最为精确和全面的方法。它涉及对农产品中各种化学成分的定量或定性分析。

（1）营养成分分析。测定农产品中的蛋白质、脂肪、碳水化合物、维生素和矿物质等营养成分的含量。

（2）农药残留检测。通过气相色谱、液相色谱、质谱等技术，检测农产品中农药残留的种类和含量，确保其不超过国家和国际的安全标准。

（3）重金属检测。评估农产品中铅、镉、汞等重金属的含量，防止重金属污染对人体健康造成危害。

（4）食品添加剂检测。检测农产品中是否含有非法或超标的食品添加剂，如色素、防腐剂等，确保食品添加剂的使用符合相关法规。

化学检测通常需要专业的实验室和技术人员操作，能够提供详细的化学成分信息，是农产品质量安全评估的重要依据。

3. 微生物检测

微生物检测关注的是农产品中微生物的存在和数量，这对于食品安全至关重要。

（1）细菌检测。通过培养和计数方法，检测农产品中的总菌落数和特定病原菌，如沙门氏菌、大肠杆菌等。

（2）病毒检测。使用分子生物学技术，检测农产品中可能存在的病毒，如诺如病毒、轮状病毒等。

（3）寄生虫检测。通过显微镜观察或分子生物学方法，检测农产品中可能携带的寄生虫卵或幼虫，如弓形虫、肠道线虫等。

微生物检测对于预防食源性疾病、保护消费者健康具有重要意义。它需要专业的实验室设备和微生物学知识，能够提供农产品微生物污染的详细信息。

第九章 乡村文化建设

第一节 农耕文化传承保护

一、农耕文化的内涵

（一）农耕文化的概念

农耕文化是指由农民在长期农业生产中形成的一种风俗文化，以为农业服务和农民自身娱乐为中心。农耕文化集合了儒家文化及各类宗教文化为一体，形成了自己独特的文化内容和特征，但主体包括语言、戏剧、民歌、风俗及各类祭祀活动等，是中国存在最为广泛的文化类型。

（二）农耕文化的特点

（1）农耕文化是中国传统文化的基础和重要组成部分，它贯穿于中国传统文化的始终，且影响深远。在农业上，农耕文化对维系生物多样性、保障食品安全、保护生活环境、促进资源持续利用等方面具有重要的价值。

（2）农耕文化中的许多理念、思想和对自然规律的认知（如夏历、二十四节气、阴阳五行等）在现代乡村旅游中具有一定的现实意义和应用价值；在农村和农民的日常生活中，在农业生产中起着潜移默化的作用；在保持本民族特色、传承本国文化传统方面，发挥着十分重要的基础作用。

（3）农耕文化带有很强的生态环境特点的地域文化。南方北方，各有差异；东部西部，各具特色。人们经常说到的"一方水土养一方人"，还有"五里不同风、十里不同俗"等，都表明了农耕文化的地域性特征。

（4）农耕文化景观是人类认识自然、适应自然、利用自然的历史见证。它兼具自然环境和人类文化两种不同要素和特征，凸显了人和自然之间长期而深刻的关联。

二、农耕文化传承保护的意义

农耕文化是我国农业的宝贵财富，是中华文化的重要组成部分，积淀了数千年传统农业社会的智慧和经验。当前，在工业化、城镇化和全球化的浪潮中，传统农耕文化正面临中断和消亡。深入挖掘、保护、传承和发展农耕文化，具有重要的现实意义和深远的历史意义。

（一）农耕文化蕴含的农耕智慧是推动农业现代化的重要参考

长期以来，为了更好地适应自然、利用自然，中华先民坚持因地制宜、顺势而为，通过趣时和土、辨土肥田、驯化良种等方式，将盐碱地、干旱地、山坡地等改造为良田，农技农艺相结合，积累形成了丰富的农耕智慧，对于今天推进农业现代化仍有着重要的借鉴意义。

（二）农耕文化践行的人与自然和谐共生理念为农业绿色发展带来启示

中华农耕文明历经千百年而不衰，主要得益于将山水林田湖草沙视为生命有机体、种养结合、互利共生，实现了人与自然长期和谐共生，形成了天人合一、道法自然的哲学思想和顺时、取宜、循环、节用等生态观念，是当前推进农业绿色发展的重要思想基础。

（三）农耕文化内含的乡土伦理、礼俗等至今仍具有社会治理的时代价值

农耕文化包含丰富的社会规范、生活伦理、节庆礼仪等人文内容，所传承的耕读传家、勤俭持家、守望相助等中华美德，维系着乡村社会和谐稳定，铸就了乡村的根和魂，对于今天加强农村思想道德教化、淳化乡风民风、坚定文化自信、改善社会治理都具有显著价值。

（四）农耕文化包含的丰富资源为乡村振兴注入新动能

农耕文化包含着珍贵的传统种质资源、完善的传统耕作技艺、丰富的生物多样性、独特的生态文化景观等，合理开发利用农业文化遗产的丰富资源，对于拓展农业多种功能，发掘乡村多元价值，发展乡村新业态都具有十分重要的作用，可以带动农民就业创业、增收致富，为全面推进乡村振兴赋能。

三、农耕文化传承保护的思路

（一）传承和谐天成的农耕思想

尊重自然、保护自然，追求和谐天成的生态平衡观念，在继承和创新中发展现代农业。发挥传统品种资源优势，助力打好种业翻身仗。加强传统品种资源保护，加强传统品种的收集和改良，强化种质资源开发利用，将重要农业文化遗产地打造成为传统品种的活态保护区。加大优势传统品种的产业开发力度，加强功能性食品研发，延伸产品的产业链和价值链。系统总结和深入挖掘精耕细作、循环利用、物种保护的传统农业技术，与先进适用农机农艺相结合，发展耕地质量提升、化肥农药减量替代、节水灌溉、轮作休耕、病虫害综合防控等绿色技术，用互联网、云计算、大数据等新一代信息技术进行改造，

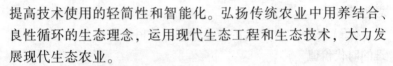

提高技术使用的轻简性和智能化。弘扬传统农业中用养结合、良性循环的生态理念，运用现代生态工程和生态技术，大力发展现代生态农业。

(二) 保护山水田园的乡村生态

引导农村民居适应当地的自然地理、生态气候，形成天、地、人三者和谐共生的有机空间，注重农房的生产功能和生活功能一体，房前屋后花果飘香、鸡犬之声相闻。在乡村规划中保留乡村风貌，在景观设计、建筑形式上注重乡土文化元素植入，从设计风格、空间布局、色彩搭配上尊重乡村机理。在乡村建设中融入乡土味道，农村人居环境整治和传统村落保护利用要在"微改造"上下功夫，配套完善水电路气信等基础设施，既让乡村展现田园风光，又让农民享受现代生活。继承传统农业中人与自然和谐共生的生态理念，形成不同主体、不同范围的种养结合、循环农业体系。

(三) 建设守望相助的乡风民风

挖掘优秀农耕文化的精神实质，传承和谐共生、守望相助、诚信重礼的思想理念，培育文明乡风，抵制封建迷信等错误和腐朽思想，践行社会主义核心价值观，使农民展现积极向上的精神面貌和精神状态；继承勤劳善良、艰苦奋斗、朴实敦厚的精神品格，培育淳朴民风，遏制农村黄赌毒、大操大办、人情攀比等陈规陋习；弘扬兄友弟恭、勤俭持家、忠孝两全的优良传统，培育良好家风，抑制人情冷漠、奢侈浪费、孝道式微的不良风气。加强优秀农耕文化研究阐发与展示传播，支持天府农耕文明博物馆等农耕主题展馆面向社会、面向大众、面向青少年传播我国农耕文明，推动农业文明史进大学。建设乡愁记忆载体，支持建立乡村农耕博物馆。支持有条件的村建设村史馆或者在村文化室、文化礼堂增设村史展示区域，挖掘和梳理本村的历史、习俗、重大事件和重要人物，推进村落共同记忆的回归。

（四）发扬耕读传家的优良传统

推动耕读精神更多成为农村家庭的家规家训，用以勉励子孙后代既要有"耕"来维持家庭生活，又要有"读"来提高家庭的文化水平。引导形成"耕"不仅能谋生，还可以从中体悟道与德；"读"不仅能学习文化知识，还可以提高精神修养的思想观念，传递古人对知和行、理论和实践关系的探索，将个人的理想追求和家国情怀紧密联系。加强高素质农民培训，通过耕读传统持续提升农民文化水平和科技素质。对农村人口通过耕读与现代城市文明相互交融流通，在城乡融合发展中不断推陈出新。

（五）发挥以文化人的治理功效

推动农耕文化所蕴含的应时守则、出入相友、父慈子孝、敬老爱亲、吃苦耐劳等精神品格重构为社会主义核心价值观引领下的现代版"村规民约"，经过村民议事会、村民大会充分讨论后加以固化，利用农村大喇叭、标语、手机推送等形式扩大宣传，将其内化为价值准则，外化为行为规范。弘扬互帮互助、同舟共济、以诚相见的村社伦理，发挥乡村熟人社会特征，有效规避现代市场经济中的道德风险。注重培育新乡贤，把德高望重的"五老人员"、道德模范、乡村能人等纳入新乡贤队伍，持续开展"身边好人""最美家庭"等评选活动，使其成为乡村和谐稳定的维护者和农耕文化的传承者。

（六）保护农耕记忆的物质精髓

持续抓好农业文化遗产资源的挖掘，形成更大的社会价值、文化价值、生态价值和经济价值。支持申报更多中国重要农业文化遗产和全球重要农业文化遗产，增强农业遗产影响力。继续加强农村生产生活遗产保护发展工作，发掘和运用其文化元素和工艺理念，遴选一批有群众基础、带动能力强、产业开发潜力大的农村传统手工艺进行重点支持，鼓励非遗传承人、企业、院所等在农村设立传统技艺工作站，发挥传统手工艺在促进农民增收、巩固拓展脱贫攻坚成果中的作用。继续开展"农村手工艺大师"评选，推动更多农村手工艺大师成为"大国农匠"。

（七）丰富基层群众的文化生活

通过农耕文化的繁荣，丰富农民的精神文化生活，办好以农民为主体的文化体育活动，挖掘不同民族、不同地区传统节庆仪式，融入农民丰收节，破解庆祝形式单一、老百姓参与性不强等问题，使农民丰收节成为展示和传承农耕文化的窗口和平台。创新制度和政策，在自上而下开展"文化下乡"的同时，支持引导农民群众自建文化队伍，开展优秀农耕文化传承活动。采取政府购买、项目补贴、定向资助、贷款贴息等政策措施，支持各类文化机构在深入挖掘农耕文化的基础上开展创造性转化，创作出更多农民群众喜爱的农耕文化作品。

（八）建立农民主体的弘扬路径

传承弘扬农耕文化，要走依靠广大农民、为了广大农民的群众路线，让农民群众切实分享保护传承农耕文化的成果。加大传统村落的保护投入，推动传统村落集中连片保护，在保护和合理改造中提高农民居住的舒适性。建立农耕文化遗产利用的利益分享机制，探索农耕文化遗产所有权入股，进行商业开发时要尊重农民意愿，项目收益按照一定比例分配给当地农民。推动农耕文化植入休闲农业和乡村旅游。挖掘农耕文化资源发展创意农业，建设以农民为主体的集农事体验、文化展示、科普教育为一体的农耕文化园。

第二节 农业文化遗产保护

一、农业文化遗产的内涵

农业文化遗产是人类文化遗产的重要组成部分，是历史时期人类农事活动发明创造、积累传承的，具有历史、科学和人文价值的物质与非物质文化的综合体系。这里说的农业是"大农业"的概念，既包括农耕，也包括畜牧业、林业和渔业；既包括农业生产的过程，也包括经过人工干预的农业生产环境条件、农产品加工及民俗民风。

就具体内容构成来说，农业文化遗产可分为 10 个大类：既包括有形物质遗产（具体实物），也包括无形非物质遗产（技术方法），还包括农业物质与非物质遗产相互融合的形态。

（1）农业物种。包括历史时期培育的农作物品种和驯养的动物品种等。例如中国农业科学院建立了国家种质资源库，收存了作物种质约 36 万份。这些种质已提供育种和生产利用约 5 万份次，3 000 份得到有效利用。其已成为中国农业创新和可持续发展的重要资源。

（2）农业遗址。体现农业起源及农耕文明历史进程的重要考古遗存，如江西万年仙人洞、湖南道县玉蟾岩、浙江河姆渡遗址等。

（3）农业技术方法。如浙江青田稻田养鱼系统、贵州从江稻—鱼—鸭系统，以及江南桑基鱼塘、果基鱼塘等多种有机农业和生态农业技术体系。

（4）农业工具与器械。世界最早的畜力条播机耧车、农田灌溉工具龙骨水车等。

（5）农业工程。如已经入列世界文化遗产的都江堰水利工程，新疆坎儿井等。

（6）农业聚落。如已经入列世界文化遗产的皖南村落、福建土楼等。

（7）农业景观。因农业生产活动长期积淀形成的独特人文与自然结合的景观，如已经入列世界文化遗产和全球重要农业文化遗产的云南红河哈尼梯田、江西婺源和江苏兴化垛田等。

（8）农业特产。具有长期历史传承和地域特色的农产品及加工农产品。相当一部分中国地理标志产品大多属于这一类。

（9）农业文献。既包括古代农书，也包括涉及农业的文书、笔记、档案、碑刻等。

（10）农业制度与民俗。长期传承的成文农业制度，不成文习惯等民风民俗。包括与农事活动有关的村规民约、农业节庆、民间艺术、农业信仰等。

二、农业文化遗产保护的意义

农业文化遗产不仅是中华悠久农耕文明的历史印记和活化展现，而且对于保障我国粮食安全、提高农业综合生产能力，具有十分重要的价值。

（一）提供种质资源与产品，保障战略性基础资源

1. 提供生物种质资源

作为生物种质资源的重要内容，传统物种类农业文化遗产是一种国家重大战略性基础资源，是社会、经济和环境可持续发展的物质基础，关系到国家的经济安全、文化安全及环境安全。保护和利用物种类农业文化遗产是确保国家粮食安全、食品安全的需要，也是提高人民生活水平的需要。研究表明，种植多样化的品种，以直接或间接方式，通过作物的碳固存，可提高物质积

累，促进粮食生产。

2. 提供多样化的产品

传承至今的地方品种，多半是经过数代、数十代甚至数百代人的不懈努力培养出来的优秀遗产，为人类提供必需的米、面、菜、肉、蛋、奶、毛、皮等优质产品，是人类生存和社会发展的物质基础。大量的地方品种，尤其是传统畜禽和园艺作物品种仍然是当前种植和养殖的主要种类；通过利用地方传统品种，培育大批现代品种，不但增加了产量，保障了粮食安全，同时也提高了收入，增加了就业机会并维护了粮价的稳定。例如，稻鱼共生系统，不仅极大地提高了水稻产量和生产收入，而且还带动了有机产品生产、鱼类制品产业化和旅游产品开发等相关经济效益的产生。

（二）提供传统技术体系，为农业丰产打下基础

1. 农作技术

在人多地少的国情条件下，秉承精耕细作的集约化耕作传统，通过改良土壤、培育良种、改进耕作栽培、防治病虫害等技术措施，不断提高土地生产率，可以同时保障粮食生产的数量和质量安全。

2. 传统栽培管理技术

传统的作物栽培管理技术和经验，有利于选育、繁殖和留传优质品种；保护资源、培肥地力，改善水土条件，维护农田生态平衡；协调种植业内部各种作物之间的关系，达到多种农作物全面持续增产；还可满足国家、地方和农户的农产品需求，在增加农民收入的同时提高农业生产效率。

3. 畜牧兽医渔业技术

中国传统畜牧业发展过程中，积累了不少重要的技术成就，如相畜术、阉割术一直沿用，还从最初的马、牛逐渐普及犬、猪、鸡、羊等并一直延续至今。在鱼苗饲养和运输、鱼池建造、

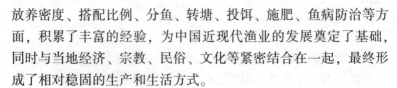

放养密度、搭配比例、分鱼、转塘、投饵、施肥、鱼病防治等方面，积累了丰富的经验，为中国近现代渔业的发展奠定了基础，同时与当地经济、宗教、民俗、文化等紧密结合在一起，最终形成了相对稳固的生产和生活方式。

（三）提供传统知识体系，提高涉农文化价值

1. 生物多样性保护与利用

物种类农业文化遗产的最大价值在于维系生物多样性。通过直接利用地方品种，可以有效保持作物种间和种内多样性，增强生产系统的稳定性。利用田间作物多样性可以抵抗病虫害的蔓延以及气候的异常变化。通过间作套种等多样性种植提高了农产品的数量和质量，通过稻田养鱼实现了"一地多用、一水多用"和生物互利共生等。

2. 水土资源合理利用

注重培养土壤地力和用养结合，大力兴修农田水利，改善农田水分状况和地区水利条件，为夺取农业的稳产高产创造了基础条件。引水洗盐、放淤压盐和种稻洗盐以及淹灌洗碱、淤灌压碱等水土资源利用技术，改善土壤结构、提高土地利用水平。通过梯田和圩田治理坡耕地水土流失、水沼泽地带或河湖淤滩的开发与利用，蕴含丰富的蓄水保水灌溉、作物耕作栽培、物种多样性、生物循环利用等农业技术，还具有良好的蓄水、保土和增产效果。

3. 相关的乡规民约

围绕粮食种植、蚕桑养殖、田歌号子以及渔民风俗等方面开展的传统生产民俗，记载了传统耕种的方式，是千余年来先民精耕细作的智慧结晶，具备很高的生态意义和科学价值。如太湖流域的水稻种植方式、江南米谷收成的农谚预测包含了丰富的生产经验和生产技能，哈尼四季生产调记录了山区梯田生产技术及礼仪禁忌，并指导人们什么季节从事什么农业生产活动。

三、农业文化遗产保护的对策

(一) 制定重要农业文化遗产保护与利用的相关法规

制定专门的法律法规是确保农业文化遗产得到有效保护的基础。首先，需要明确农业文化遗产的定义，包括其历史价值、文化价值、科学价值和社会价值，以及需要保护的农业实践、技术和景观等。法规应涵盖农业文化遗产的分类、保护范围和保护标准，确立保护的基本原则和目标。其次，应制定相应的管理和监督制度，确保法规得到有效执行。最后，法规还应包括对农业文化遗产保护和利用的指导原则，如保护优先、科学管理、合理利用、传承发展等，确保农业文化遗产在保护中得到合理利用，在利用中实现更好的保护。通过完善法律法规，可以为农业文化遗产保护提供坚实的法律基础，防止非法占用、破坏和滥用。

(二) 健全重要农业文化遗产保护利用机制

保护农业文化遗产需要建立一个多方参与的保护机制。这个机制应包括政府、专家学者、农民、企业、非政府组织等各方的参与，形成一个综合性的保护网络。政府在这一机制中扮演着关键角色，负责制定政策、提供资金支持、进行监管和协调各方资源。专家学者则负责进行研究、评估、提供咨询和技术支持，帮助制定科学的保护方案和利用策略。农民作为文化遗产的传承者和保护者，应获得相应的利益回报和技术支持，以增强他们保护文化遗产的积极性。企业可以通过投资、技术支持和市场开发等方式参与保护工作，实现文化遗产的经济价值。非政府组织则可以在宣传、教育和社区动员等方面发挥作用。此外，应建立动态的保护机制，根据农业文化遗产的保护状况和外部环境的变化，及时调整保护策略和措施，确保农业文化遗产保护工作的持续性和有效性。

（三）建立重要农业文化遗产资金投入长效机制

资金是保护农业文化遗产的重要保障。需要建立稳定的资金投入机制，确保保护工作的持续进行。这包括政府的财政拨款、社会资本的引入、国际组织的援助等多渠道的资金来源。政府应将农业文化遗产保护纳入财政预算，设立专项基金，用于文化遗产的保护、修复、研究和宣传等。同时，可以通过税收优惠、补贴等政策，鼓励企业和个人参与文化遗产的保护和利用。此外，还可以探索建立公私合作模式，引导社会资本投入农业文化遗产的保护和开发。为了确保资金的有效使用，应建立严格的资金监管和审计制度，防止资金被挪用或滥用。通过建立长效的资金投入机制，可以为农业文化遗产的保护提供持续的财政支持。

（四）加强重要农业文化遗产宣传推介

宣传推介是提高公众对农业文化遗产保护意识的重要手段。首先，应通过媒体、网络、展览、讲座等多种渠道，普及农业文化遗产的知识，介绍其历史价值和现实意义，增强公众的保护意识。同时，可以利用世界遗产日、文化节庆等活动，组织相关的宣传和教育活动，提高农业文化遗产的社会影响力。此外，还可以通过旅游开发将农业文化遗产转化为旅游资源，吸引游客前来参观和体验，从而提高其知名度和影响力。在宣传推介过程中，应注重真实性和科学性，避免对农业文化遗产的误解和商业化。通过加强宣传推介，可以提高农业文化遗产的社会认可度，促进其保护和传承。

综上所述，农业文化遗产保护的对策需要从法律法规、保护机制、资金投入和宣传推介等多个方面进行综合施策。通过这些对策的实施，可以有效地保护和传承农业文化遗产，促进农业可持续发展，丰富人类文化多样性。

第三节　农村移风易俗

一、移风易俗的内涵

移风易俗的意思就是改变旧的风俗习惯。移风易俗，其现代意义通常指在社会发展变化的情况下，由政府干预或社会组织协助参与，具有明确目的性的破除陋习、培养社会新风尚的行为，是积极的文化变革。

二、农村移风易俗的突出问题

农村移风易俗一直是困扰农村社会发展的重要问题，特别是高额彩礼、大操大办的婚丧事宜以及散埋乱葬等突出问题。这些问题不仅加重了农民的经济负担，还影响了农村社会的和谐与稳定。

（一）高额彩礼

高额彩礼是指在婚姻中，男方给予女方家庭的财物或金钱。这一习俗在一些农村地区变得日益严重，彩礼金额不断攀升，甚至出现了"天价彩礼"的现象。高额彩礼不仅增加了年轻人的婚姻成本，使得许多有情人因经济条件限制而难以成婚，而且也助长了物质主义和金钱至上的不良风气，扭曲了婚姻的本质，影响了社会的和谐稳定。

（二）大操大办的婚丧事宜

大操大办是指在婚丧喜庆等事宜中，追求规模和排场，过度消费和浪费。在农村，这种现象尤为普遍，许多家庭为了所谓的"面子"，不惜举债办酒席，邀请大量宾客，导致严重的经济负担。此外，大操大办还会引发攀比心理，使得一些家庭为了不"丢脸"，即使经济条件不允许，也要硬着头皮跟风举办豪华宴席，加剧了社会的不公和矛盾。

（三）散埋乱葬

散埋乱葬是指在丧葬过程中，不按规定的地点和方式进行安葬，随意占用耕地、林地等进行土葬，甚至在风景名胜区、水源保护区等地建造豪华墓地。这种行为不仅浪费了宝贵的土地资源，破坏了生态环境，还影响了农村的整洁美观，加剧了"白事"的铺张浪费现象。

三、如何持续推进农村移风易俗

持续推进农村移风易俗是促进农村社会文明进步、构建和谐社会的重要举措。为了有效实施这一工作，可以从以下几个方面着手。

（一）加强宣传教育，提高农民群众的认识水平

宣传教育是推进农村移风易俗的基础工作。要通过多种渠道和形式普及社会主义核心价值观，引导农民群众树立正确的世界观、人生观和价值观。可以通过农村广播、电视、网络等媒体，广泛宣传移风易俗的重要性，提高农民群众的自我约束意识和参与意识。同时，利用文化墙、宣传栏等传统宣传方式，结合农村实际，设计制作贴近农民生活的宣传资料，使之成为农村移风易俗的有效载体。

（二）完善村规民约，发挥村民自治的作用

村规民约是村民自我管理、自我服务、自我教育的重要形式。要引导村民根据本村实际情况，制定和完善村规民约，明确婚丧嫁娶、孝老爱亲等方面的约束性规范和倡导性标准。通过村民大会、村民代表大会等形式，广泛征求村民意见，使村规民约真正成为村民共同遵守的行为准则。同时，要加强对村规民约执行情况的监督和检查，确保其得到有效实施。

（三）提供普惠性社会服务，降低农村人情负担

为了减轻农民在婚丧嫁娶等方面的经济负担，政府和社会各界应共同努力，提供普惠性的社会服务。这包括建立和完善农村综合性服务场所，提供婚丧嫁娶等社会服务，降低农民群众的人情负担。此外，还可以通过政府购买服务、社会捐助等方式，为经济条件较差的农户提供必要的帮助和支持，确保他们在遇到婚丧嫁娶等大事时，能够得到社会的关心和帮助。

（四）党员干部带头，发挥示范带动作用

党员干部在农村移风易俗中具有重要的示范带头作用。要推动党员干部带头承诺践诺，严格遵守婚事新办、丧事简办等规定，以身作则，影响和带动周围群众。同时，要通过开展党员活动日、党员责任区等形式，组织党员干部深入农村，开展移风易俗宣传教育和实践活动，引导农民群众积极参与到移风易俗的行动中来。

（五）推广有效的激励机制，加强家庭家教家风建设

为了更好地推进农村移风易俗，可以推广清单制、积分制等有效的激励机制，对那些积极参与移风易俗、表现突出的农户给予表彰和奖励。同时，要加强家庭家教家风建设，通过开展"文明家庭""最美家庭"等评选活动，引导农民群众树立良好的家风，促进家庭成员之间的和谐相处。

第四节 乡村文化旅游

一、乡村文化旅游的内涵

乡村文化旅游属于文化含量高、体验性强的产品。产品的核心是文化与人民，精髓是文化体验+乡村休闲的"绿色度假"。游客在进行某种旅游活动时，不管具体的旅游产品或服务是什

么，都是进行一种精神消费，而这种精神消费在很大程度上都与农业文化有关。

乡村文化旅游是以乡村的生产、生活、生态"三生"资源为基础，通过创意理念、文化、合理的开发和技术的提升，创造出具有旅游吸引力、带来农业和旅游业双重收益的一种农业新业态。乡村文化旅游主要包括生产文化旅游、生活文化旅游和娱乐文化旅游3个方面。

（一）乡村生产文化旅游

1. 乡村田园景观

主要展示乡村的自然风光，如山水、田园、森林等。游客可以欣赏到四季变换中的农田景色，体验不同季节的农耕活动，如春季的播种、夏季的田间管理、秋季的丰收等。此外，还包括特色园艺景观，如果园、茶园、花海等，游客可以亲手采摘农作物，体验农耕的乐趣。

2. 农耕文化

农耕文化是乡村生产文化旅游的核心。它包括农作物的种植方式、农耕技术的展示，以及传统农具的使用等。游客可以参与到犁地、耙地、播种、收割等农耕环节中，深入了解传统的农耕方式和农耕智慧。

3. 乡村手工艺文化

乡村手工艺是乡村文化的重要组成部分。游客可以观赏并学习传统的手工艺制作，如编织、陶瓷制作、木工制作等。这些手工艺品往往蕴含着深厚的文化内涵，是乡村文化传承的载体。

（二）乡村生活文化旅游

1. 乡村建筑文化

乡村建筑以其独特的风格和历史背景吸引着游客。传统的民居、古老的祠堂、庙宇等都是乡村建筑文化的代表。游客可以参观这些建筑，了解它们的历史故事和建筑特色。

2. 乡村饮食文化

乡村饮食文化是乡村生活的重要体现。游客可以品尝到地道的农家菜，体验乡村的烹饪方式和食材的独特风味。同时，还可以参与到乡村的烹饪过程中，学习制作传统的乡村美食。

（三）乡村娱乐文化旅游

1. 乡村农耕文化体验

除了生产环节的农耕体验外，还可以包括农耕游戏、农耕知识竞赛等娱乐活动。

2. 乡村节日文化

乡村的各种传统节日也是吸引游客的重要因素。如春节、端午节、中秋节等，游客可以参与到节日的庆祝活动中，体验乡村的节日氛围。

3. 乡村家庭生活文化

游客可以深入农户家中，体验乡村的家庭生活。这包括参与家庭的日常活动，如做饭、喂养家禽等。

4. 乡村艺术文化

乡村艺术包括民间歌舞、戏曲表演等。游客可以观赏到地道的乡村艺术表演，感受乡村的艺术魅力。

总的来说，乡村文化旅游是一种全方位的体验，它让游客深入了解乡村的生产方式、生活方式和娱乐方式，感受乡村的魅力和文化底蕴。

二、乡村文化旅游的意义

（一）文化传承与弘扬

乡村文化旅游为游客提供了了解和体验乡村传统文化的机会。通过游览古迹、品尝地道美食、参与民俗活动等，游客能够深入感受到乡村的历史底蕴和文化氛围。这不仅有助于传承和弘

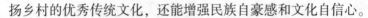

扬乡村的优秀传统文化，还能增强民族自豪感和文化自信心。

（二）促进乡村经济发展

乡村文化旅游的发展能够带动乡村经济的增长。随着游客的涌入，乡村的餐饮、住宿、交通、手工艺等产业都会得到发展，从而创造更多的就业机会，提高当地居民的收入水平。此外，乡村文化旅游还能促进农产品的销售，为农民开辟新的收入来源。

（三）推动乡村环境与生态保护

为了吸引游客，乡村地区会更加注重环境整治和生态保护。发展乡村文化旅游需要有良好的自然环境和人文环境作为支撑，因此，当地政府和居民会更加珍惜和保护这些资源，从而实现可持续发展。

（四）提升乡村形象与知名度

通过发展乡村文化旅游，可以让更多的人了解并关注乡村地区。这不仅能够提升乡村的形象和知名度，还有助于吸引更多的投资和资源，进一步推动乡村的发展。

（五）丰富旅游市场与满足游客需求

随着人们生活水平的提高和旅游观念的转变，越来越多的游客开始追求更加个性化、多样化的旅游体验。乡村文化旅游正好满足了这一需求，为游客提供了不同于城市旅游的全新体验。

三、乡村文化在乡村旅游规划中的表达

我国是一个历史悠久的文明古国，拥有适合乡村旅游的丰富农业资源，在乡村旅游规划中，如何表达乡村文化意义重大。

（一）通过乡土建筑风貌展示乡村文化

在各个乡村中，其本土建筑具有丰富的历史、文化、艺术建筑，直接反映了不同乡村的不同文化内涵和个性特征。目前，有的规划盲目要求迁建、复建或兴建人造景观，致使一些乡土建筑

原有的历史风貌格局被破坏，造成乡村特色文化的缺失。但是无论是清丽婉约的水乡古镇，还是质朴自然的黄土窑洞，都是乡村人祖辈智慧的结晶。乡民祖居于此，乡土建筑与乡民的生活息息相关，所以对乡土建筑的改造与利用，应当充分听取乡民的意见，尊重其结构的特色和完整性。

（二）通过乡村活动展现乡村文化

在进行乡村旅游规划时，应注意结合乡村人民日常活动进行设计，使得游客可以在旅游中参与到本土乡民的生活形态中去。例如，通过组织开展推磨、播种、收割、喂养家禽家畜等农事活动，让游客体验乡民劳作的艰辛；通过设计组织游客参与赶集、庙会等活动，让游客认识乡村贸易的民俗形态；通过组织游客体验如抬轿子、打水漂等游戏活动，让游客体验乡村自然纯朴的休闲文化；通过设计开展乡村戏曲学唱、乡村艺人表演等文艺活动，让游客充分融入乡村生活中去。

（三）通过家族文化的传承展现乡村文化

在乡村中，宗族、家族氛围依旧十分浓厚，这就使得在不少乡村社会中，祠堂、族谱等文化传承之物依旧存在。对此，可以通过祠堂修缮、族谱修订等方式，将祠堂、宗祠融入乡村旅游中，并设计成一个参观项目，使游客体验到乡村文化中"人"的代际和情感的延续。

（四）通过乡民的参与彰显乡村文化之魂

对于乡村旅游而言，乡民作为直接的文化传承和展示者，是最为丰富的文化资源。目前，部分规划将乡民迁出村落，让投资者入驻经营，殊不知失了乡民的乡村也就丢掉了乡韵、乡魂。

只有通过乡民的积极参与，包括从事本土民俗表演、指导农事活动、教授乡村游戏等，以及提供有乡村特色的餐饮、住宿等服务，才能给游客展示真实的乡村面貌。

参考文献

陈灿，黄璜，2019. 休闲农业与乡村旅游 ［M］. 长沙：湖南科学技术出版社.

黄振华，2023. 记得住乡愁：乡村振兴的"大理路径" ［M］. 南京：江苏人民出版社.

邵玉丽，刘玉惠，胡波，2020. 农产品质量安全与农业品牌化建设 ［M］. 北京：中国农业科学技术出版社.

孙鹤，2020. 乡村振兴战略实践路径 ［M］. 北京：社会科学文献出版社.

王海燕，2020. 新时代中国乡村振兴问题研究 ［M］. 北京：社会科学文献出版社.

于建伟，张晓瑞，2022. 村庄规划理论、方法与实践 ［M］. 南京：东南大学出版社.

中国法制出版社，2022. 农业农村常用法律法规速查通 ［M］. 北京：中国法制出版社.